城市化下
不透水面遥感提取
及其水文效应定量分析

姚远 著

中国水利水电出版社
www.waterpub.com.cn
·北京·

内 容 提 要

本书以快速城市化流域不透水面水文效应定量分析为目标，以城市化进程显著的郑州市贾鲁河流域为研究区，通过开展基于多尺度遥感数据的流域透水面提取方法及研究区不透水面数据适用性评价，利用城市一二维水文水动力耦合模型实现不同城市化情景下水文效应定量分析，解释城市化对流域水文过程及城市洪涝灾害的影响机理。主要内容以不透水面水文效应定量分析为主线，分析当前不透水面定量分析的研究背景与意义，并结合国内外相关研究确定研究目标和内容；在此基础上选定研究区并收集数据，开展多尺度不透水面遥感提取及研究区适用性评价，开发面向不透水面变化条件下城市化流域一二维水文水动力耦合模型，从而实现降雨-径流过程水文模拟到城区内涝水动力学演变的城市化流域洪涝灾害全过程模拟。基于情景分析的方法，对城市化流域不透水面变化带来的水文效应进行模拟与定量分析，并针对郑州"7·20"特大暴雨开展实例应用。

本书可作为高等院校和科研院所教师、科研人员和研究生的参考书，也可为从事城市防洪减灾决策、暴雨洪涝管理等研究的管理、技术人员提供参考。

图书在版编目（CIP）数据

城市化下不透水面遥感提取及其水文效应定量分析 / 姚远著. -- 北京 : 中国水利水电出版社, 2025. 5.
ISBN 978-7-5226-3473-9

Ⅰ. TV223.4

中国国家版本馆CIP数据核字第20257NT950号

书　　名	**城市化下不透水面遥感提取及其水文效应定量分析** CHENGSHIHUA XIA BUTOUSHUIMIAN YAOGAN TIQU JI QI SHUIWEN XIAOYING DINGLIANG FENXI
作　　者	姚　远　著
出版发行	中国水利水电出版社 （北京市海淀区玉渊潭南路1号D座　100038） 网址：www.waterpub.com.cn E-mail：sales@mwr.gov.cn 电话：（010）68545888（营销中心）
经　　售	北京科水图书销售有限公司 电话：（010）68545874、63202643 全国各地新华书店和相关出版物销售网点
排　　版	中国水利水电出版社微机排版中心
印　　刷	清淞永业（天津）印刷有限公司
规　　格	170mm×240mm　16开本　9.25印张　176千字
版　　次	2025年5月第1版　2025年5月第1次印刷
定　　价	68.00元

凡购买我社图书，如有缺页、倒页、脱页的，本社营销中心负责调换
版权所有·侵权必究

前言
FOREWORD

在全球城市化背景下，城市下垫面发生了显著变化，原始地表逐渐被不透水面所替代，改变了流域原有的产汇流特征，由此产生的水文效应给城市防洪带来严重挑战。对城市地区不透水面进行有效监测及其水文响应研究，不仅有助于城市暴雨洪涝防治，还能为城市可持续化发展提供指导。历经多年，众多学者在不透水面水文效应方面开展了一系列研究，不透水面将会对城市水文过程带来负面影响几乎成为共识，但在开展不透水面对水文过程的影响研究时，通常选择现有产品或者利用不透水面指数等方法进行简单提取进而驱动模型运算，对于不透水面尺度和精度问题考虑较少。在考虑研究区不透水面数据适用性的前提下，如何将不透水面数据与水文模型有机结合，还需要进一步研究。此外，水文效应的影响因素众多，不透水面变化只是其中一个方面，如何剔除气象、植被等其他因素，定量分析城市化流域不透水面水文效应，深入认识城市化对流域水文过程及城市洪涝灾害的影响机理仍需要进一步研究。

本书以快速城市化流域不透水面水文效应定量分析为目标，以城市化进程显著的郑州市贾鲁河流域为研究区，通过开展基于多尺度遥感数据的流域透水面提取方法及研究区不透水面数据适用性评价，利用城市一二维水文水动力耦合模型实现不同城市化情景下水文效应定量分析，解释城市化对流域水文过程及城市洪涝灾害的影响机理。本书共有6章，第1章绪论，第2章研究区和数据，第3章多尺度不透水面遥感提取与分析，第4章城市化流域水文水动力耦合模型，第5章不透水面水文效应定量模拟分析，第6章郑州"7·20"特大暴雨洪涝案例应用。主要内容以不透水面水文效应定量分析为主线，分析当前不透水面定量分析的研究背景与意义，并结合国内外相关研究确定研究目标和内容；在此基础上选定研究区并收集数据，开展多尺度不透水面遥感提取及研究区适用性评价，开发面向不透水面变化条件下城市化流域一二维水文水动力耦合模型，从而实现降雨-径流过程水文模拟到城区内涝水动力学演变的城市化流域洪涝灾害全过程模拟。基于情景分析的方法，对城市化流域不透水面变化带来的水文效应进行模拟与定量分析，并针对郑州"7·20"特大暴雨开展实例应用。

本书是在笔者博士论文和近年来对不透水面提取和城市化对洪涝灾害影响等方面研究成果的基础上凝练而成，相关资料的收集、整理得到了中国水利水电科学研究院老师、同仁的大力支持与帮助。另外部分理论也参考和借鉴了国内外相关论著、论文的观点。本书的出版得到了国家重点研发计划（2017YFB0504105）和中国水利水电科学研究院专项（JZ0145B612016）等项目的联合资助。

由于作者水平有限，书中难免有遗漏和不妥之处，恳请专家和读者不吝指正。

作者

2025年5月

目录

前言

第1章　绪论 ··· 1
　1.1　研究背景与意义 ·· 1
　1.2　国内外研究进展 ·· 3

第2章　研究区和数据 ··· 17
　2.1　研究区介绍 ··· 17
　2.2　数据收集 ·· 21
　2.3　研究区暴雨径流特征分析 ······································ 27
　2.4　本章小结 ·· 30

第3章　多尺度不透水面遥感提取与分析 ···························· 31
　3.1　不透水面提取方法 ·· 31
　3.2　多尺度不透水面提取 ··· 40
　3.3　研究区不透水面适用性评价 ···································· 49
　3.4　不透水面时空演变分析 ·· 51
　3.5　本章小结 ·· 58

第4章　城市化流域水文水动力耦合模型 ···························· 61
　4.1　一二维水文水动力耦合框架 ···································· 61
　4.2　模型构建原理 ·· 63
　4.3　耦合模型构建 ·· 68
　4.4　模型率定与验证 ··· 86
　4.5　本章小结 ·· 92

第5章　不透水面水文效应定量模拟分析 ···························· 94
　5.1　情景设计中不透水面参数的提取与分析 ····················· 94
　5.2　不透水面变化情景下的洪水分析 ······························ 98

5.3 不透水面变化情景下的内涝分析 ··· 105
  5.4 本章小结 ··· 111
第6章 郑州"7·20"特大暴雨洪涝案例应用 ······································· 112
  6.1 郑州"7·20"特大暴雨洪涝特征分析 ···································· 112
  6.2 郑州"7·20"特大暴雨洪涝模拟与验证 ································· 114
  6.3 不透水面年代变化对郑州"7·20"特大暴雨洪涝的影响 ············ 118
  6.4 不透水面有效性对郑州"7·20"特大暴雨内涝的影响 ··············· 120
  6.5 本章小结 ··· 121
附录 ·· 123
参考文献 ··· 126

第 1 章

绪　论

1.1　研究背景与意义

城市作为人类社会发展的结晶,承担着人类社会的主要财富和人口。据联合国报告[1],全球城市人口比重从 1950 年 30％增加到 2018 年 55％,预计到 2050 年将有 68％人口居住在城市。就我国而言,随着社会经济的快速发展,城市化率从 1978 年 18％增加到 2019 年 61％,并且在未来,城市人口及城市化率将会进一步增加[2]。城市化进程在带来社会繁荣发展、经济实力增强的同时,也伴随着城市自然地表被人工地表所取代,在这一过程中,不透水面增加是城市下垫面变化的主要代表[3-4]。不透水面是指阻止水入渗土壤的人为地表,例如城市硬化道路、停车场、广场及屋顶等,是评价城市化程度的主要指标[5-6]。不透水面的增加改变了城市流域的水文生态过程,致使植被覆盖度降低、热岛效应加剧及城市暴雨内涝增加等一系列生态及环境问题[7-8]。目前,城市化进程下的不透水面扩张及其影响的研究成为相关学者关注的热点问题。

对城市不透水面进行监测与分析不仅有助于了解城市发展进程,更为关键的是可为城市可持续化发展提供理论支撑[9-10]。传统的不透水面监测研究方法是结合地面测量和城市发展规划的人工解译,这种方法费时费力,数据获取困难,工作量大且主观性强[11-12]。近年来,数据多元化遥感技术发展,为不透水面的准确、快速地提取分析提供了条件[13]。根据不透水面的光谱特征、空间几何特征和时间特征,国内外学者建立了很多基于遥感的不透水面提取方法,并应用于研究不透水面变化的水文效应[14-16]。随着人工智能技术不断发展及理论的不断完善，将人工智能算法（如随机森林）应用于不透水面的遥感提取与分析已逐渐成为相关学者研究的重点领域[17-18]。然而，多源遥感数据在丰富了不透水面提取手段的同时也带来了数据冗杂的问题，不同空间尺度、不同数据源的遥感影像反演得到的不透水面结果有不同程度的差异。

近年来，在气候变化和人类活动的影响下，城市暴雨内涝呈现出灾害影响显著加剧的态势，"城市看海"成为广泛关注的社会现象[7-19]。从水循环过程中来看，不透水面的增加将会导致下渗减少，植被覆盖减少，进而使蒸散发削弱，地表产流量增加。此外，不透水面增加也会使原糙率较大的透水地表被相对光滑的不透水地表所代替，进而使汇流速度加快，峰现时间提前，洪量增加[19]。目前，人们已普遍认识到不透水面的扩张增加了暴雨洪涝强度，加剧了暴雨洪涝灾害程度。气候变化及城市化引起的水循环过程变化及城市洪涝灾害加剧已成为城市水文学研究重点关注对象[20-23]。对于分析不透水面变化对城市洪涝灾害的影响，进而揭示城市化进程下洪涝灾害的致灾机理，一种可行的方法就是采用数值模拟的方法[24-25]。因此，在明晰不透水面遥感数据适用性和城市不透水面时空演变的基础上，通过构建城市洪涝全过程的水文水动力模拟模型，实现不透水面影响下的城市化暴雨洪涝全过程情景模拟，不仅对于推进城市水文学学科的发展具有重要的理论意义，同时对于城市规划与发展的指导以及城市洪涝的科学防治具有重要的实践意义。

郑州市为我国中原城市群中经济体量最大、人口最多的大型城市，具有重要且独特的区位条件。最近几十年来，郑州市发展迅速，城市化率不断提高，2016年，国家发展改革委支持郑州建设国家中心城市，作为中部城市群的"领头羊"，郑州未来发展潜力巨大[26]。郑州市位于北温带大陆性季风气候区，暴雨洪涝灾害时有发生。例如，2021年受到社会极大关注的郑州"7·20"特大暴雨灾害，2021年7月20日发生的极端暴雨事件，造成了严重的河道漫溢、城区内涝、流域洪水等灾害，致使郑州直接损失达532亿元[27]。

综上，本书以快速城市化流域不透水面水文效应定量分析为目标，以典型城市化流域郑州市贾鲁河流域为研究区，开展不同空间尺度遥感数据的不透水面提取及精度评价，结合已有不透水面产品进行研究区不透水面研究的适用性分析，开发面向城市洪涝全过程模拟的一二维水文水动力耦合模型，实现从降雨—径流过程水文模拟到城区内涝水动力学演变的城市化流域洪涝灾害全过程模拟，并基于情景分析的方法，定量分析城市化流域不透水面变化带来的水文效应，为城市暴雨洪涝防治以及城市化建设提供科技支撑。

1.2 国内外研究进展

1.2.1 不透水面提取方法及产品介绍

1.2.1.1 不透水面提取方法

城市化进程中，不透水面逐渐代替了原始地表，使自然状态下的陆面产汇流过程产生了根本性的变化，进而诱发了一系列的城市生态、环境问题，如最为典型的城市暴雨内涝，因此识别、监测不透水面就显得尤为重要。卫星影像具备监测城市化进程及其引起的水文要素变化的能力，但城市中由于建筑材料的不同，不透水面的种类繁多，不同的建筑材料都有各自的光谱信息，这对于不透水面监测来说是一个挑战。国内外学者对此做出了大量研究，进而提出了一系列的研究方法[28]。目前，按照不透水面提取方法主要可分为以下四类：

（1）光谱混合分析法。光谱混合分析法将像元分解为分数形式，假设像元光谱为像元内所有端元的线性或非线性组合[29-30]。目前，应用较为广泛的是线性光谱混合分析（LSMA）及其改进型算法，LSMA 主要基于 Ridd[31] 提出的 VIS 模型，像元为土壤、不透水面及植被三个端元的组合。但 VIS 模型存在水体与不透水面中的低反射率地物不易区分的问题，后人逐步将 VIS 模型进行了改进，提出将不透水面分解为高、低反射率两种类型[30]，也有相关学者直接将复杂的城市地表进行多重端元分解，但这些方法仍存在较低不透水面地区被低估，较高不透水面地区被高估问题[32-33]。考虑中等分辨率在光谱与空间分辨率上的缺陷，Tang 和 Xu[28] 又利用高光谱遥感影像提取不透水面，以提高不透水面的提取精度。

（2）不透水面指数法。不透水面指数法通过对多波段进行组合运算，扩大地物之间光谱特性差异，突出不透水面光谱特征[34]。其中，不透水面归一化差值指数能有效抑制水体沙土信息，削弱阴影的影响，但由于热红外波段存在分辨率不高的问题，致使该指数在不透水面的提取上仍存在一定的不足之处[35]。Deng 和 Wu[36] 通过缨帽变换简化 VIS 模型，构建了生物组分指数（BCI）。该指数可以较好地解决不透水地表土壤的区分问题，较现有指标具有一定的优势，应用前景较为广泛[37]。

（3）多元回归法。多元回归法是通过高分辨率图像获取样本，建立不透水面指数与波段之间的回归模型[18]。该方法关键点在于计算不透水面指数，针对不透水面指数的计算常用方法有多元回归法和回归树法。例如：基于 IKONOS 的 NDVI（归一化植被指数）指数与不透水面指数之间的回归分析[38]，最小向量方差回归模型[39]，以及分类回归树法（CART）建立的回归模型[40]。单一的回归模型不可避免地存在误差，因此回归模型也在不断地改进，如 Wang 等[41]在 2017 年提出一种改进的分类回归树法，减少 CART 的系统误差，以更高的精度估算不透水表面。Hu 等[42] 通过集成 CART 算法和多像素算法来估计亚像素级不渗透表面，提出适合于具有明显年内变化区域的提取算法。

（4）机器学习分类法，主要包括面向对象法[43]、支持向量机法[44]、人工神经网络法[45] 及随机森林算法[46] 等。其中，支持向量机法具有较好小样本泛化的性能，将支持向量机法与光谱混合分析法进行比较，支持向量机法在估算不透水面的精度上具有优越性[47]。而光谱-空间组合核支持向量回归模型相比于单核方法有较明显的精度提升[48]。例如，Hu 和 Weng[49] 运用了一种基于对象的模糊方法，从 IKONOS 影像中分别提取居民区和中央商务区的不透水面，由于中央商务区的地物复杂性更高，提取的准确率较居民区略低。Sun 等[50] 提出了一种三维的卷积神经网络法，在基于像元的传统处理方法上又通过多尺度卷积过程利用了纹理和特征图，从而提高了提取不透水表面的效率。采用机器学习分类法进行不透水面提取，不仅能克服主观因素，也可以提高提取效率。总的来说，机器学习分类法在处理复杂数据源和降噪等方面具有良好的精度，目前有不少相关研究[51-52] 指出采用机器学习分类法在提取精度方面普遍高于其他不透水面的提取方法（如指数法、多元回归法）。然而，不同的机器学习分类法仍存在一定的缺点[53-54]：支持向量机法如何选取合适的核函数以及核函数对精度的影响尚无定论；神经网络具有收敛速度慢、需要参数多及训练时间长等缺点；决策树分类器在处理稀疏样本时表现差且易出现过拟合现象，这些问题将会对不透水面提取精度产生不同程度的影响。除去这些机器学习分类法，随机森林算法不仅能实现对泛化误差的内部无偏估计，而且具有运行速度快、处理多维特征变量和大数据集能力较强以及不易出现过拟合的优点，受到了广泛的使用并取得了较好的结果[55]。相比其他机器学习分类法，随机森林算法不仅精度高、实现简单及训练速度快，而且能取得更优的分类结果[17]。

1.2.1.2 随机森林算法

随机森林算法（Random Forest，简称 RF）是一种以决策树为基础的机器学习算法，由 Breiman[56] 于 2001 年提出，该方法综合了 Ho[57] 随机子空间思想和 Breiman[58] 集成学习理论。随机森林算法由于在处理有限训练样本及复杂数据源等方面的优越性，在提出之后被广泛地应用于数据挖掘以及土地利用分类等领域。目前，将随机森林算法与多源遥感数据相结合，并运用到城市信息以及土地利用分类等方面的提取与分析已成为相关学者研究的重点内容[59-60]。如，Zhou 等[61] 基于 GF-1 和 Sentinel-1A 等多源遥感数据，采用随机森林算法对亚热带季风气候区的土地覆盖进行了分类，并探索了季节性遥感数据对城市土地覆盖制图精度的影响。Feng 等[62] 基于无人机遥感影响,采用随机森林算法和纹理分析相结合的方法对城市植被区的土地覆盖进行准确区分。Wang 等[63] 以 Modis 数据为数据源,采用随机森林算法生产了 2001 年及 2010 年的全球 250m 地表覆盖产品 (GLC250_CN);Gong 等[64] 基于多源遥感数据,采用随机森林算法实现了土地利用分类制图。总之,作为集成分类模型的随机森林分类算法,能有效消除训练样本的噪声敏感以及降低分类器的过拟合等问题[65],被广泛地应用于全球不同尺度的土地覆盖制图中,如中国 30m 地表覆盖[66]、GlobeLand30[67] 及 FROM_GLC10[68] 等的制图。

不透水面不同于具体的地物类型(如地表覆盖),遥感成像机理、光谱信息及空间结构更为复杂[69],因此,不透水面的提取相对更为复杂。然而,随机森林算法具有地物分类辨识度更高的优点,因此该方法在城市不透水面的监测分析与提取等方面的研究也具有较强的适用性。例如,郜燕芳等[70] 基于 Landsat-8 影像,分别采用支持向量机法和随机森林算法这两种机器学习分类法提取分析了呼和浩特市不透水面,并将这两种分类法的提取精度进行了对比。研究结果表明,支持向量机法的提取精度低于随机森林算法,并且随机森林算法在地物的分类方面具有更高的辨识度,随机森林算法更加适用于城市不透水面提取。正是由于随机森林算法的这一优势,大量的研究将随机森林算法运用到了不透水面提取试验中。例如,Guo 等[71] 以郑州市和杭州市作为研究区,提出了一种基于多特征随机森林算法的城市有效不透水面提取方法;Shrestha 等[72] 基于 Sentinel-1 和 Sentinel-2 数据集,采用随机森林算法提取了巴基斯坦 9 个城市的不透水面,并估计了城市不透水面 2016—2020 年的增长率;Dong 等[73] 将随机森林算法和纹理特征相结合,对北京市不透水面 1997—2017 年的时空变化进行了监测与分析,指出近 20 年北京六环内的不透水面发生了显著变化。唐志光等[74] 以 GEE 平台上提供的 Landsat 影像为数据源,采用随机森林算法提取了湖南省的不透水面,并且对城市不透水面 1987—2017 年每 3 年的时空变化特征进行了分析;叶章熙等[17] 基于无人机拍摄的遥感影像,通过结合随机森林算法和面向对象对不透水面进行提取与分辨,并且将随机森林算法与 K-最邻近法和支持向量机法的分类效果进行了对比,研究表明,随机森林算法在不透水面的提取上更具优越性,提取的精度和 Kappa 系数更高,并指出基于随机森林算法的分类技术性能稳定、抗噪声能力强及准确率高,且能有效降低分类结果破碎化;Tang 等[75] 通过将 Sentinel-2 和 JL1-3B 高分辨率夜间灯光影像相结合作为数据源,提出了一种新的不透水面的训练样本选择方法,并采用随机森林算法对不透水面进行分类与提取,结果表明整体分类准确率在 97% 以上,具有较强的可靠性和稳定性;Zhang 等[76] 基于 GEE 平台,采用多时相随机森林算法，提取分析了全球 2015 年不透水面图。这些研究取得了不错的成果，均反映了随机森林算法最近几年来在不透水面分类提取方面的广泛应用，并且具有较好的分类效果和精度。

总的来说，随机森林算法在城市不透水面的提取与分析上展示了巨大的优越性和潜力。采用该方法不仅可以摒除传统方法的主观性问题及难以处理复杂数据源等问题，而且相比其他机器学习分类法能得到更优的分类结果。

1.2.1.3 不透水面产品介绍

按照提取不透水面的遥感影像数据源的空间分辨率可将遥感数据分为低空间分辨率、中空间分辨率和高空间分辨率三类。针对不同空间分辨率的遥感数据处理，近年来开发了多种方法。一般而言，基于光谱混合分析、LSMA、回归分析和基于亚像元的技术适用于中低分辨率图像的不透水面监测[77]。对于中分辨率和高分辨率图像的监测，通常采用基于像元的或基于对象的方法，例如 Attarchi[78] 利用支持向量机对 SAR 数据图像进行分类，研究表明 SAR 数据的纹理信息对不透水地表的估算提供了积极的贡献。在暗不透水表面类，改善尤为明显。Sun 等[79] 针对 WorldView-2 高空间分辨率卫星影像，开发了一种基于对象的自动舵指标建筑区域提取方法，该方法在裸土与建筑物分离方面具有更高的准确性。城市指数方法经常用于区域和全球尺度的中低分辨率不透水面监测[34,80,81]。随着遥感数据的多元化和计算机水平的发展，多源数据融合模型也应运而生。这些融合模型利用不同数据源的优势，弥补单一数据源的不足，减少了地物光谱异质性造成的混淆，提高了多特征提取的分类精度[82-83]。已发布的融合多源数据的遥感不透水面提取产品也不断出现，他们中大多依靠大量样本的收集，采用机器学习的方法提取。表 1.1 展示了目前已发布的全球不同尺度的不透水面遥感产品。

从提取对象上来看，产品从土地利用的二级分类、人类居住地的提取角度逐渐聚焦于不透水面本身的提取，说明城市化产生的不透水面变化逐渐受到了国内外学者的重点关注；从空间尺度上来看，随着近几年遥感数据的增多及分辨率的提高，产品开始向高分辨率发展，也由于高分辨率遥感数据出现较晚，目前只有 10m 的 2017 年、2020 年的土地利用/覆盖产品；从时间序列上来看，只有 GAIA、GISA 和 CLCD 为连续逐年产品，其他产品在时间上均不连续；从方法上来看，算法多样，包括指数法、机器学习、人工智能、深度学习等，其中采用最多的是随机森林算法。综合不透水面相关产品的发布情况来看，多源数据融合技术正在向多算法、多特征、多时空融合的方向发展，为不透水面的遥感提取分析带来新契机。

纵观不透水面提取的发展历程，提取方法从传统回归分析到人工智能分类，

1.2 国内外研究进展

表1.1 不透水面遥感产品

序号	名称	发布年份	分辨率	机构	数据源	方法
1	CLCD (1990—2019)	2021	30m	武汉大学	Landsat系列卫星影像、中国土地利用/覆盖数据集（CLUD）	随机森林、时空滤波、逻辑推理[84]
2	GISA (1972—2019)	2021	30 m	武汉大学	Landsat系列卫星影像	分区取样、随机森林、时空滤波、空隙填充[85]
3	ESA WorldCover 10m 2020	2021	10 m	欧洲航天局	Sentinel-1、Sentinel-2影像	CatBoost算法[86]
4	Esri 10-meter land cover (2020)	2021	10 m	美国环境系统研究所	Sentinel-2影像	深度学习
5	2015年全球30米不透水面产品 (MSMT_IS30-2015)	2020	30 m	中国科学院空天信息创新研究院	VIIRS夜间灯光数据、GlobeLand30地表覆盖、MODIS EVI植被指数、多时相Landsat-8 OLI、Sentinel-1 SAR和SRTM/ASTER DEM影像	随机森林[76]
6	GAIA (1985—2018)	2020	30 m	清华大学地球系统科学系	长时序的Landsat光学影像、夜间灯光数据及Sentinel-1雷达数据	特征评价算法[87]
7	High-resolution Multi-temporal Mapping of Global Urban Land (1980—2015每5年)	2018	30 m	中山大学	多时相Landsat光学影像、DMSP-OLS、MODSI EVI和NDWI	归一化城市用地综合指数（NUACI）[89]
8	FROM_GLC-30 (2010, 2015, 2017) FROM_GLC-10 (2017)	2018 2019	30 m 10 m	清华大学地球系统科学系	Landsat-5/7/8、中国环境卫星、资源卫星、高分卫星、SRTM地形数据和Sentinel-2影像	随机森林[68]
9	全球人类居住层数据集（GHSL）(1975—2020每5年)	2016	30 m	欧盟委员会	哨兵1/2, spot4/5, Landsat-4/8卫星影像	机器学习、人工智能[90]
10	GlobeLand30数据集 (2000, 2010, 2020)	2014—2020	30 m	同济大学、中国科学院空天信息创新研究院	Landsat、环境减灾（HJ-1）、16米高分一号（GF-1）多光谱影像	P-O-K像素-对象-知识[67]

7

遥感数据源从中低分辨率到高分辨率，从单一数据源到多源数据融合。虽方法众多，但仍然面临中低分辨率的遥感数据精度受限、高分辨率遥感数据处理复杂、数据融合的优势没有充分发挥、人工智能方法需要依靠样本等问题，提取方法普遍存在局限性。近年来，多源遥感数据的快速增长，为不透水面提取带来了新的机会，同时也带来了多时空尺度遥感数据选取及其产品应用的新问题，这就需要针对研究目标选取适用性较好的遥感数据源或数据产品，不透水面适用性分析正是本书的重点研究内容之一。

1.2.2 不透水面变化及其引起的水文效应

1.2.2.1 不透水面变化评估与分析

作为城市中一种典型的地物类型，不透水面代表着地区城市化程度。对不透水面的时空演变进行分析不仅可对把握城市发展动态及变化规律提供数据支撑，也可为城市发展规划提供理论支撑。为此，大量的学者采用不同的方法研究了城市不透水面时空变化特征。如闫如柳[91]分别采用 Landsat-8-OLI 和高分二号（GF-2）影像提取并分析了兰州主城区 2013 年、2015 年及 2018 年不透水面信息及其变化特征，并指出随着城市化进程的不断推进，不透水面变化速率也在不断上升；Wang 等[92]对秦淮河流域的研究也指出，在快速城市化进程下，不透水面扩张中心从城市建成区逐步转向非城市建成区，并且不透水面密度从 1998 年 2.72% 也增加到了 2017 年 25.6%。Xu 等[93]采用标准椭圆差和加权平均中心分析了广州市不透水面 1988—2015 年时空发展趋势，并且进一步评估了不同区域尺度不透水面的分布差异。向超等[94]通过结合夜间灯光、Landsat 遥感及高分影像提取并分析了京津唐地区 1995—2016 年共 5 期不透水面时空变化特征，研究指出京津唐地区各城市具有不同的不透水面时空演变特征。Gong 等[88]首次发表了 1985—2018 年全球 30m 空间分辨率的人造不透水面逐年数据产品（GAIA），揭示了全球主要地区和国家的城市化速率及其差异，这一研究为全球城市的科学发展提供了基础数据和决策支撑。王宪凯等[95]对北京主城区的不透水面时空演变趋势的评估分析结果表明，北京市主城区 2002—2017 年不透水面呈现出持续增长且较高聚集度的特征，其中海淀区和朝阳区的增长强度和速率相对较大，而东城区和西城区的不透水面积占比最高。此外，该研究也指出，北京市主城区盖度高值的不透水面面积不断增加，并且呈现出增长集中在四环以外城区的放射状扩张趋势。Dutta 等[96]通过分析印度德里城郊地区不透水面与地表温度和植被覆盖的关系指出，该地区不透水面面积呈显著增长且主要集中在城郊地区，此外研究也指出在人口密度较高的地区不透水面积也较高。从这些研究可以发现，最近几十年来全球各地区的不透水面在城市化进程下呈现不同程度的扩张趋势[88],引起了对于不透水面的时空演变的广泛关注与研究。

1.2.2.2 不透水面变化对水文过程影响

城市化进程中的水文效应主要包括城市化引起的降水、河流水系及径流变化,进而引起的暴雨内涝及生态环境等方面问题[20]。目前,已有不少研究均发现城市化将会导致降水增加,而凝结核效应、摩阻效应及热岛效应等是导致降水变化的主要影响机制。例如,Singh[97] 通过分析降水变化和城市气候的关系指出农村地区降水量比城市地区降水量低5%~10%。此外,在对降水变化认识的基础上,有不少研究也指出在城市化进程下,植被减少,不透水地表增加,降水蒸发和下渗减少,这将导致有效降水量增加,进而使地表径流和径流系数增大[98-99]。

不透水面的变化作为城市化进程下的典型特征,研究中通常以不透水面来表征城市化程度,将不透水面与城市化的水文响应联系起来[100-101]。经过多年研究,不透水面将会对城市水文过程带来负面影响几乎成为共识[102-104]。有研究指出,自然状况下地表径流、蒸发量及下渗分别占10%、40%和50%,而在高度城市化下,不透水面的增加影响了降水和土壤之间的水力联系,进而使地表径流增加至30%,蒸发量下降至25%,下渗量下降至32%[105-106]。Kauffman等[107] 的研究指出河流流量的减少和不透水面的增加之间存在相关性;占红等[108] 对哈尔滨市6个中心城区的研究发现,不透水面的扩张显著增加了地表径流量,其中小雨情景下不透水面对日径流量影响最大,而在枯水年年径流量增加更为明显。White和Greer[109] 对美国加利福尼亚州南部沿海地区的研究指出,1996—2000年城市不透水面的增加显著提升了该地区的旱季径流量;Verbeiren等[110] 通过SPOT卫星和Landsat遥感数据研究了爱尔兰都柏林流域降雨径流和不透水面演变之间的响应关系,研究表明在城市化进程下地表径流不仅产流量更高而且反应最快;Dams等[111] 对比利时Kleine Nete流域城市不透水面和地表径流演变的研究也指出,1986—2003年,城市不透水率从25.4%增加到了29.2%,与此同时,地表径流也增加了9.5%。要志鑫等[112] 对杭州主城区的研究指出地表径流量和不透水空间分布格局之间存在高度相关关系。Liu等[113] 以珠江流域的三个核心城市(深圳、广州和东莞)为研究区分析了不透水面和城市径流的时空响应特征,该研究表明2000—2017年城市规模的径流显著增加了,而不透水面变化占径流增加总方差的23%~27%,且在子流域范围不透水面的变化贡献了17%的径流变化。这些研究均表明城市水文效应(径流增加)与不透水面变化密切相关,且不透水面的增加是导致径流增加和径流速度加快的主要因素之一[114-115]。

然而，Brandes 等[116] 指出不透水面的增加可能不会降低流域尺度上基流。由此，不透水面的阈值问题引起了学界关注。例如，Brun 和 Band[117] 认为导致径流迅速增加的不透水面比例阈值是 20%。Bian 等[118] 量化了秦淮河流域不透水表面时空变化的年径流量响应，指出不透水面积达到 8.6% 后，年径流量和径流系数将会显著增加，并且不透水面与年径流量呈非线性关系，同时干旱年份年径流量对不透水面的变化更为敏感。Hamdi 等[100] 研究也发现，布鲁塞尔首都地区不透水率超过 35% 时，年度的累积径流量、洪峰流量和洪水频率发生变化。Yang 等[33] 对美国怀特河流域的 16 个小流域进行城市化的水文响应模拟，得到流域中不透水面积的阈值为 3%～5%，高于该阈值时不透水面开始对水文过程产生可检测的影响。此外，Song 等[119] 基于 1960—2015 年的降水与水位时间序列以及年不透水面积数据，用弹性分析法讨论了降雨量和城市化对水位变化的相对影响，从时间上来说，汛期降雨为主要驱动因素，非汛期以城市化为主导；从空间上讲，旧城区的主要因素为降雨，新城区的主要因素为城市化。排水管网的距离、水利工程的建设与管理以及不透水面间的拓扑特征也会缓解或加剧不透水面引起的水文效应[120-121]。例如，不透水区和透水区之间的水力连通会对地表汇流过程产生不同程度的影响；水利工程如水库也会影响汇流过程[122]。

总的来看，虽然不透水面显著影响了流域尺度的水文过程，进而影响了径流生成速度和径流量，但不透水面变化对水循环的影响较为复杂，正负效应同时存在[123]。随着城市化进程的不断推进，不透水面变化引起的水文效应仍将是城市水文研究关注的重点领域。关于不透水面变化对水文过程的影响机理的研究仍需进一步深入，特别是城市尺度上的不透水面空间变化及面积比值等对水文效应的影响研究[124-125]。

1.2.2.3 不透水面对城市暴雨洪涝的影响

在城市地区，不透水面的增加不仅会影响城市水文过程，甚至会进一步增加暴雨洪涝灾害风险[126]。近年来，我国城市特别是大型城市的暴雨内涝呈现出灾害影响显著加剧的态势，"城市看海"已成为受到社会广泛关注的社会现象[23]，例如近年发生的武汉暴雨[127]、北京"7·21"特大暴雨洪涝灾害[128] 及郑州"7·20"特大暴雨洪涝灾害[27] 等洪涝灾害事件。从水循环过程中来看，不透水面的增加会导致城市土壤下渗量减少，也会相应的导致植被覆盖减少，进而削弱了蒸散发过程，因此不透水面的增加最终会导致地表产流量增加[7]。此外，不透水面增加也会使原糙率较大的不光滑地表被相对光滑的不透水地表所代替，这必然会加快汇流时间，致使在相同的暴雨条件下，形成峰现时间提前及峰值高的洪水过程线，使"矮胖型"的洪水过程线转变为"瘦高型"[129]。

目前，人们已普遍认识到不透水面的扩张影响了城市流域的地表—地下水交互过程，降低了流域的基流，增加了洪水洪峰流量，加剧了暴雨洪涝灾害程度[129-130]。关于不透水面对城市暴雨洪水内涝的影响研究，主要围绕在不透水面增加对城市暴雨内涝发生频率、内涝洪水强度及内涝产生风险的影响等方面[123,131-132]。

在对城市暴雨内涝发生频率的影响方面，Kishtawal 等[133] 通过评估印度城市化对强降雨的影响发现，在雨岛效应作用下，城区的短历时强降雨发生频率明显提高；在短历时强降雨频率提高的背景下，由于排水管网设计和建设未跟上城市化快速发展，致使城市暴雨内涝发生频率增加[134-135]。宋晓猛等[136] 基于气象水文数据和经济社会统计数据也发现，随着北京市城市化进程的不断推进，北京市城区内的内涝积水点在时间上和空间上分别呈现出显著增加及从内环向外环逐步扩张的趋势。此外，该研究指出虽然极端降水和汛期降水量下降了，但短历时的强降水却增加了。Zhang 等[137] 的研究指出城市化不仅加剧了洪水响应，而且加剧了风暴总降水量，此外，2017 年 8 月 25—30 日，美国休斯敦市极端洪水事件的发生概率平均增加了约 21 倍。Li 等[138] 通过分析马来西亚吉隆坡市极端降雨强度变化发现，在过去的 30 年里，由于城市热岛效应，每小时极端降雨强度增加了约 35%，几乎是周边农村地区的 3 倍。

在对城市暴雨内涝洪水强度的影响方面，从洪水过程响应来看，目前不少研究均表明不透水面的扩张增大了洪量和洪峰流量，并且洪量和洪峰流量随不透水率的增加呈显著线性增加[8,139-140]。例如，Miller 等[141] 研究了英国斯温顿镇城市化对两个流域暴雨径流的影响，结果表明，1960—2010 年，不透水面覆盖率从 11% 增加到了 44%，相应地，最大峰值流量增加了 400% 以上；根据 Khodashenas 及 Azizi[142] 对伊朗马什哈德市的研究表明，由于不透水面面积的增加，2016 年洪峰流量分别比 1941 年、1976 年及 1986 年增加了 307%、259% 及 177%。何文华[143] 也指出，城市化会导致峰现时间提前、峰值流量加大。石树兰等[144] 通过城市暴雨径流的 SWMM 模型，评估分析了在不同重现期的暴雨情景下不透水面占比变化对城市洪涝的影响。研究结果表明，当不透水面有效占比从 100% 降低至 25% 时，5 年一遇洪峰流量消减了 65.8%，100 年一遇洪峰流量消减了 21.8%，反过来看，不透水面增加会使洪峰流量增加，并且 5 年一遇洪峰流量增加高于 100 年一遇。这些研究均从不同的层面反应了不透水面的增加使城市暴雨内涝洪水强度增加，具体表现为峰现提前及洪峰流量加大[139]。尽管不透水面扩张会增加城市暴雨内涝洪水强度，但对于不同量级洪水，影响程度也有所不同[145]。例如，孙延伟等[8] 对南京秦淮河流域的研究发现，大洪水受不透水面扩张的响应程度小于小洪水。Du 等[146] 也指出小洪水对不透水面变化的响应更敏感。

关于不透水面增加对洪水内涝风险的影响，主要在两个方面：首先，在不透水面面积占比较高的地区，往往人口密度较为集中，因而城市洪水内涝会加剧承载体（人与建筑物等）的脆弱性和暴露度，致使内涝损失增加；其次，不透水面的增加硬化地表，汇流速度加快，这使城市应对暴雨的调蓄能力下降[123,147]。王倩雯等[148]评估分析了闽三角地区城市化对暴雨洪涝灾害风险，结果表明暴雨洪涝灾害风险脆弱性高的地区城市化水平较高，并且城市化快速的地区更易遭受洪涝灾害。此外，王雪[149]对通过分析上海江桥镇内涝灾害风险发现，随着城市化程度的增加，经济社会的总损失量及建筑物暴露度也会增加。俞昕淳[150]也得出了较为相似的结论，即随着城市化进程的推进，洪水内涝的淹没深度和范围逐年增加，其产生的内涝风险也逐年增加。

综上所述，城市化伴随着不透水面增加，将会对水文效应带来不同程度的负面影响，如不透水面扩张不仅会加剧暴雨洪涝灾害程度，也会加剧暴雨内涝产生风险。并且，随着社会经济的发展，城市化进程将持续加快，不透水面也将不断增加，在气候变化引起的极端灾害频发背景下，亟须开展城市化进程对城市暴雨内涝灾害的影响研究。

1.2.3 城市水文水动力模型

不透水面变化引起的城市水文效应模拟主要可分为基于水文、水动力或者水文水动力耦合模型[19]。考虑本书采用水文水动力耦合模型来揭示不透水面变化引起的城市水文效应，因此分别对城市水文效应所采用的三类模拟模型取得的研究进展进行回顾与总结。

1.2.3.1 水文模型

随着3S（GPS、GIS及RS）及计算机技术的发展与成熟，采用水文模拟的方法评估和预测城市化的水文效应逐步受到关注[23]。水文模型的本质是采用一系列数学方程来描述降雨—径流这一水循环过程，严格满足水量平衡原理。水文模型通常可分为集总式和分布式两大类，也有学者将分布式模型进一步分为半分布式和分布式。对于集总式水文模型，模型不考虑流域气象及下垫面等因素的空间异质性，将整个流域视为一个整体来构建模型，也就是说，集总式水文模型对整个模拟区域采用相同气象及下垫面参数[151]。例如，新安江模型[152]、HBV模型[153]及Standford模型[154]等均为集总式水文模型。对于分布式水文模型，模型将模拟区域划分为若干个水文单元（子流域或网格）来构建模型，实现模拟结果的分布式输入和输出，因此分布式水文模型能有效考虑气象及下垫面参数的空间异质性[155]。半分布式水文模型介于分布式和集总式两者之间，不仅具有集总式计算快捷的特点，而且保留了分布式模型能考虑参数空间异质性的优点。例如，TOPMODEL 模型[156] 及 VIC 模型[157] 等均为半分布式水文模型。近年来，具有明确物理机制的分布式水文模型得到了蓬勃发展，例如 HEC-HMS（Hydrologic Engineering Center-Hydrologic Modeling System）模型[158]、SHE（Systeme Hydrologique European）模型[159]、WEP[160] 模型及 EasyDHM 模型[161] 等。基于气象、下垫面条件与径流过程等因素，分布式水文模型不仅能模拟时空变化的水循环过程，且能够模拟和预测气候波动和下垫面条件改变等条件下的水文响应特征。

分布式水文模型最典型的特点就是模型更易与 DEM、GIS 和遥感相结合，可灵活设置不同土地覆盖下的下垫面变化情景，模拟分析不同土地覆盖及其组合下的水文过程，因此，分布式水文模型被广泛应用于研究不透水面变化带来的水文效应。例如，赵刚等[162] 通过设置不同的城市化情景，模拟分析了城市化对北京凉水河流域产汇流的影响，研究结果表明城市化使下渗量明显减少，而径流系数明显增加。类似地，一些最近的研究：Ramezani 等[163]、Zhou 等[164]、Bal 等[165] 也均采用了不同的水文模型，如 HEC-HMS 模型、K-XAJ 模型、SWAT 模型及 SHE 模型等，对不透水面变化带来的水文效应进行了评估与分析，这些研究取得了大量有益成果。可见，基于水文模型的水文模拟，由于情景设计多样性、应用条件灵活、模拟成本较低等特点，在城市化水文响应评估分析的研究中受到了大量学者的青睐。

在用于研究不透水面水文效应的众多水文模型中，由于 HEC-HMS 模型参数化方案中包含描述不透水面的参数（如不透水率），并且所需参数相对较少，因而 HEC-HMS 模型在不透水面变化下的水文模拟研究中应用更为广泛[166-168]。例如，Koneti 等[169] 基于 HEC-HMS 模型，通过设置不同的土地覆盖情景模拟分析了城市化进程带来的水文效应，结果表明城市化和农田扩张导致 Godavari River 流域的蒸散量和入渗量减少了，但径流增加了；同样基于 HEC-HMS 模型，Hu 和 Shrestha[170] 研究了美国中西部 Richland Creek 流域城市化导致的不透水面增加对水文过程的影响，结果表明，2001—2011 年，不透水面增加了 11.21%，峰值流量增加了 125%～175%。Al-Zahrani 等[171] 采用 HEC-HMS 模型模拟分析了沙特阿拉伯 Hafr Al-Batin 流域城市化洪水过程的影响，结果表明城市化水平与峰值流量和径流量之间存在很强的线性相关性，在 80%城市化水平下，峰值流量增加了 213%，径流增加了 112%。总之，HEC-HMS 模型是一个典型的城市水文模拟预报模型，该模型不仅能较好地模拟降雨径流过程，而且自带的 HEC-GeoHMS 模块可较好地结合 GIS 处理空间地理数据。更为重要的，模型支持不透水面参数设置，为不同不透水面情景设置提供了方便，是一个较为适于开展不透水面变化对水文过程影响研究的分布式模拟工具。

1.2.3.2 水动力模型

水动力模型的核心思想是在采用动量和连续性方程描述水流运动的基础上，通过求解圣维南方程组对坡面汇流进行计算。水动力模拟通常以网格为基本单元计算地表产流，而对于排水管网及地表产流分别采用圣维南方程和二维浅水方程计算[172]，其中，排水系统的模拟通常以一维水动力学为主，而管网连接段和内涝淹没区的模拟通常采用二维水动力学[22]。水动力模拟计算精度相对较高，但效率较低。关于一维水动力学模拟的研究，目前的研究已相对比较成熟，主要围绕实现有压管流和明渠流动的同时模拟，以及探索更精确高效的计算方法两个方面[173]。然而，发生洪涝时，城市河道或管网会发生排水不畅进而形成地表淹没，地表淹没区水流没有固定的路径、方向甚至通道，此时便无法采用一维的水动力方法进行模拟。针对地表淹没这一问题，学者们相继提出了二维的水动力模拟方法，即采用二维浅水方程进行求解[174]。例如，Schmitt等[175]通过有限体积法离散求解二维浅水方程，模拟分析了暴雨洪涝情况下的二维非恒定流地表流动过程。

随着一维二维水动力学模拟技术以及对浅水方程离散求解方法的不断完善，一系列城市暴雨洪涝模型或集成软件相继被开发出来，例如暴雨管理模型SWMM（Storm Water Management Model）[176]、洪水模拟软件 MIKE Flood[177]以及 IFMS/Urban 模型（Integrated Flood Modeling System）[178] 等。MIKE Flood模型的地表产流采用降水入渗法，一维过程采用动力波，二维过程采用有限差分法离散求解的二维浅水过程。MIKE Flood 模型由三个模块组成，分别为一维排水管网、一维城市河网及二维地表漫流模块，这三个模块既可以独立计算也可以耦合计算。MIKE Flood 模型自发布以来，受到了广泛应用，例如，Wolski 等[179] 采用该模型耦合 HYDRUS-2D 模型模拟分析植被积累对洪水波演变的影响；Zhou 等[164] 采用该模型模拟分析了洪水对中国南方城市道路连通性的影响。MIKE Flood 的优点在于功能全面完善，但不开源以及不免费。另一个广泛应用的是暴雨洪涝模型 SWMM 模型，在暴雨洪涝的模拟中应用最为广泛。Jiang 等[180] 采用 SWMM 模型模拟了东莞市的城市洪水；Ma 等[181] 基于 SWMM 模型实现了郑州市洪水的动态模拟。SWMM 模型优点在模型开源且免费，但该模型只能模拟一维水动力过程，对于暴雨洪水内涝过程中的地表积水与淹没无法精确描述[19]。

马建明等[178] 结合大量山洪模拟的经验与工作基础，在集成 SWMM 模型的基础上，于 2016 年开发了一个可考虑一维和二维水动力的 IFMS/Urban 模型。

IFMS/Urban 模型的一维连接管渠的水动力过程采用连续性和动量方程描述，一维渠道和管网的节点采用控制方程描述。对于地表水动力二维模拟，采用有限体积法的 Godunov 算法离散求解，采用 Roe 格式近似解计算 Riemann 问题，采用特征分级离散底坡源项用以保证模型守恒性，采用隐式离散阻力源项用以提升模型稳定性[178,182]。该模型自发布以来，也受到了广泛的应用，如陈小兰等[183]采用该模型模拟分析了成都市某片区洪涝灾害发生原因。Wu 等[182]基于该模型耦合 SWMM 模型，模拟分析深圳市低影响开发对缓解城市洪水风险的有效性。相比于一维管网和单独的二维模型，IFMS/Urban 模型不仅集成了一维 SWMM 模型的优点，更为重要的是，该模型可通过节点的方式将地表和排水管网有效地耦合起来，能更为全面地描述城市内涝情况下的水流过程。

1.2.3.3 水文水动力耦合模型

在模拟城市流域的暴雨洪涝过程时，仅采用水文模型虽能描述水文过程，但对于洪涝水动力过程却描述不足，且模型输出结果仅能提供流量过程，无法给出洪水淹没过程的水力要素，如淹没范围、淹没水深及积水点等[184]；然而，仅采用水动力模型虽能有效描述城市洪涝的地表淹没过程，但是对于流域的产汇流等（如入渗、截留）水文过程却描述不足[185]。因此，耦合水文模型和水动力模型，结合两类模型的优势，互补两类模型的不足之处，构建水文-水动力耦合模型不仅是城市流域洪涝模拟研究的必由之路也是目前的热点方向之一[24,186]。2005 年，Carter 等[187]以美国萨克拉门托流域为研究区，将水文模型 LSPC 的流量模拟结果作为水质水动力软件 EFDC 的参数输入，首次实现了两者的弱耦合；刘家宏等[22]根据透水特性的不同将城市下垫面抽象为 6 个基本单元，并在此基础上，将水文模型的径流模拟结果作为河道水动力模型及城区一维管网的输入边界，进而实现了水文模型与河道水动学模型和一维管网的耦合。de Arruda Gomes 等[188]通过将水文模型 CAWM IV 及 HEC-HMS 和二维高分辨率 HEC‐RAS 模型进行耦合，模拟分析了巴西 Recife 市 1975 年及 2011 年的洪水过程。

根据耦合方式的不同，水文水动力耦合模型可分为松散耦合、内部耦合及紧密耦合[24,184]。第一种耦合方式为松散耦合，也称外部耦合或单向耦合，通常以两类模型之间的变量作为纽带实现耦合[189]。就城市流域洪涝模拟而言，常以水文模型的模拟流量或水位作为传递变量输入给水动力模型，进而实现水动力模型的洪涝过程模拟[190,191]。余富强等[192]将分布式水文模型 BTOPMC 模拟的断面流量作为水动力模型 FLO‐2D 的入流边界，实现了两者的松散耦合，并以福建省泉州市梅溪流域为研究区，分析了这种耦合方式的可行性。研究结果表明，所构建的耦合模型不仅速度加快，而且耦合模型的淹没模拟结果较为精确。Wang 等[193]采用单向耦合的方式将新安江水文模型与水力学模型 HiPIMS 进行耦合，模拟分析了浙江省的密赛流域的洪水过程。总的来说，松散耦合模型间互不干扰且平行运行，结构相对简单，可操作性强，易于调试，并且对实测资料要求较低，因此最为常用，但松散耦合也存在忽略模型间的相互反馈等问题[194-196]。第二种耦合方式为内部耦合[197-198]，指两类模型共享模型参数及边界条件，但两个模型独立运行互不影响。内部耦合虽然比松散耦合更为紧密，但必须建立在对两类模型结构和原理深入了解的基础上，因此目前关于此方面的研究和应用相对较少。Beighley 等[199] 采用交换变量的形式将源汇项耦合水力学方程，进而实现了水文模型 WBM 与河道水力学模型的内部耦合。第三种耦合方式为紧密耦合，或称双向耦合、全耦合。双向耦合通过联立求解控制方程，将两类模型视为一个整体统筹考虑[200-201]。双向耦合虽然在理论上最为可靠和完善，但模型求解困难，模型状态变量及其关系复杂[202]。Thompson 等[203] 采用紧密耦合的方式耦合了水文模型 MIKE SHE 和水动力学模型 MIKE11，通过这种耦合两个模型在每个时间步长都进行迭代计算和数据交换，并且基于 MIKE SHE 和 MIKE-11 的紧密耦合与模拟更真实地描述了湿地草地的洪水过程。

综上，采用水文水动力耦合模型开展城市流域的洪涝过程模拟能实现水文模型和水动力模型的优势互补，应用前景较好。就开展不透水面变化对水文效应的影响，特别是对城市洪涝过程影响研究来说，耦合模型不仅可以充分利用分布式水文模型对城市流域水文过程的时空分布模拟及其不透水面变化的分布式情景设置，而且可以利用水动力模型对城市洪涝淹没过程的多方位多特征描述[204]。在其中选取一个合适的分布式水文模型对于不透水面变化进行参数化描述以及水动力模型对于城市洪涝淹没的二维水动力过程全面揭示，都是十分重要的。

第 2 章

研究区和数据

2.1 研究区介绍

2.1.1 研究区选择

本书的研究目标是城市化进程下不透水面变化带来的水文效应，研究区的选择主要考虑了以下因素：

（1）流域内城市化变化明显。郑州市作为河南省省会、中原城市群的中心城市，具有重要且独特的区位条件，自 20 世纪 90 年代开始城市化快速发展，截至 2021 年城市化水平已由 1990 年的 42.70% 提高到了 79.10%。郑州市作为中部地区的领头羊，未来发展潜力巨大，对郑州市城市化进程下的不透水面变化及其水文效应研究可以对未来郑州市的可持续化发展建设提供参考。

（2）雨量较为充沛，便于分析典型暴雨洪水事件。郑州市区内河流主要属于贾鲁河流域。贾鲁河是淮河支流，河水由降雨补给，季节性变化较大，平时基流很小，汛期洪水较大。上游山区暴雨洪水经城区而过，汇入贾鲁河后又在中牟县流经一条"几"字弯，导致流速大大减小，壅水风险较高，暴雨洪涝灾害时有发生，2021 年 7 月 20 日发生的极端暴雨事件，更是引起了全社会的广泛关注。

综合上述情况，选定郑州市的中牟水文站以上贾鲁河流域为研究区，研究区范围及城市化区域位置如图 2.1 所示。

2.1.2 自然地理特征

郑州市地处我国河南省中部偏北、华北平原南部，处于 $112°42'\sim114°14'$

(东经)、34°16′~34°58′(北纬)之间,南北宽 70~78km,东西长 135~143km,总面积约 7556km²。研究区为郑州市区核心地带,也是郑州城市发展进程较快的区域,主要包括了郑州的中心城区二七区、金水区、管城回族区、中原区和惠济区、新郑市、荥阳市、新密市和中牟县的部分区域。研究区处于 113°16′~114°3′(东经)、34°32′~34°54′(北纬)之间,总面积约为 2015.32km²。

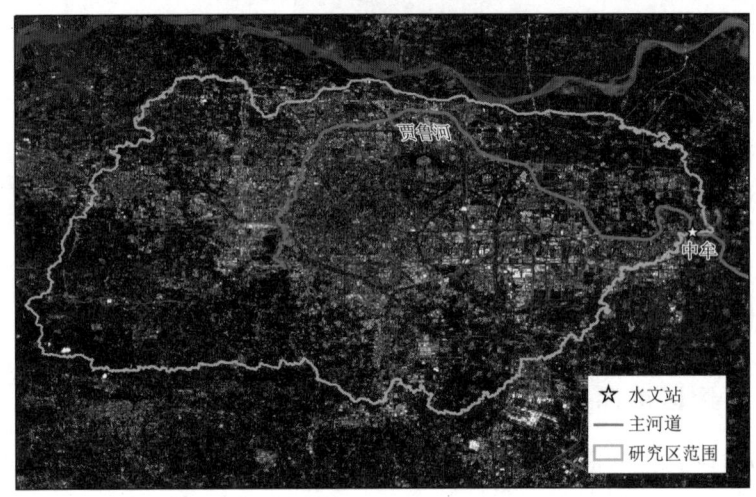

图 2.1 研究区范围及城市化区域位置示意图

研究区由西南丘陵地带逐渐向东北平原区过渡,高程 25~621m,平均高程为 136m,整体地势较为平缓。丘陵与平原分界明显,西南丘陵地区面积约 316km²,仅占总面积 15.70%,平均高程约 285m,其他大部分地区为黄河冲积平原,面积约 1698km²,占总面积 84.30%,平均高程约 109m。图 2.2 展示了研究区高程及河流水系。

郑州市北邻黄河,但市内河流主要属于贾鲁河流域。贾鲁河为淮河二级支流,起源于白寨镇(新密市),沿地势向东北方向流经郑州市区,到市区北郊后向东流入中牟县,接着向东南方向经开封、周口注入沙颍河,最后汇入淮河。历史上贾鲁河水量丰富,但 20 世纪 50 年代后,由于引黄入郑、闸坝拦蓄等工程,导致贾鲁河的基流减少,河道淤积,水位上抬。目前,贾鲁河的水量主要依靠汛期的山区来水和城市的排污排涝。由图 2.2 可以看出,研究区主要支流有索须河(索河和须水河)、金水河、熊耳河、贾峪河、七里河(包含十七及十八里河)及潮河等。研究区共 26 个水库,分别分布在各支流的上游。研究区出口站中牟水文站以上控制面积约为 2015.32km²,干流长 101.42km。

研究区地处北温带季风气候区,四季分明,冷热适中,具有典型大陆性气

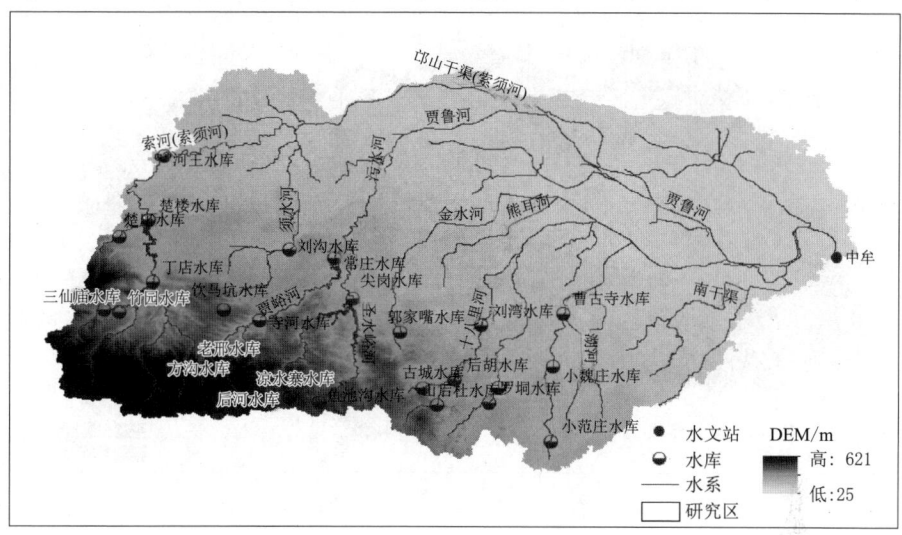

图 2.2 研究区地形及水系图

候特征。研究区年均气温约为 14.7℃，月平均气温的最低和最高分别约为 -1.7℃和 28.8℃，其中 1 月气温最低，7 月气温最高。平均日照时数约 1564h，平均年辐射约 453kcal/cm^2。研究区年平均降水量约 606mm，降水时空分布不均，年内变化较大，夏季多雨，主要在集中在 7—9 月的汛期，约占年降水量的 60%。年际降水也具有变化较大的特点，郑州市年平均降水天数约 78d，历史最少年降水量为 381mm（1997 年），最高年降水量高达 954mm（2003 年）。降水的年内年际分布不均，加上极端降水的频繁出现，导致郑州市，特别是郑州市中心城区易发生极端暴雨与内涝灾害事件，例如，2021 年郑州"7·20"特大暴雨灾害，造成郑州市遭受重大财产损失及人员伤亡，直接损失达 409 亿元。

2.1.3 土壤与植被覆盖

图 2.3 展示了研究区土壤类型的空间分布，可以看出，砂黏壤土和砂黏土是主要土壤类型，占到总土壤类型面积的 80% 以上，其中砂黏壤土面积略高于砂黏土，这两种土壤类型广泛分布于研究区。研究区的水体占比很小，除去砂黏壤土和砂黏土外，城镇、砂土及黏壤土也占有一定的比例，其中黏壤土主要分布于研究区北部，城镇主要分布于中心地带。此外，在研究区的西部有少量的砂壤土。

随着郑州市近几十年来的城市化进程不断推进，土地覆盖发生了较大的变化。图 2.4 展示了研究区 1990—2019 的土地覆盖变化（每隔 10 年），数据来源于武汉大学发布的 30m 逐年土地覆盖动态变化产品。从图 2.4 中可以看出，研

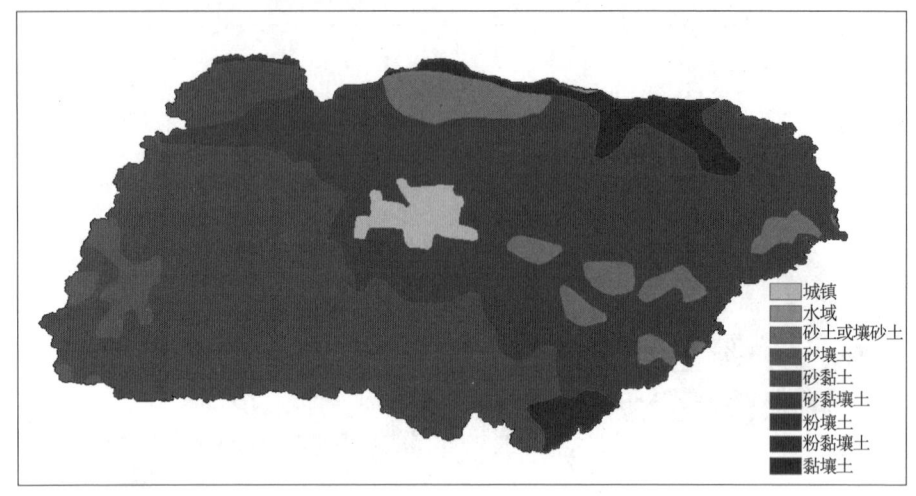

图 2.3　研究区土壤类型图

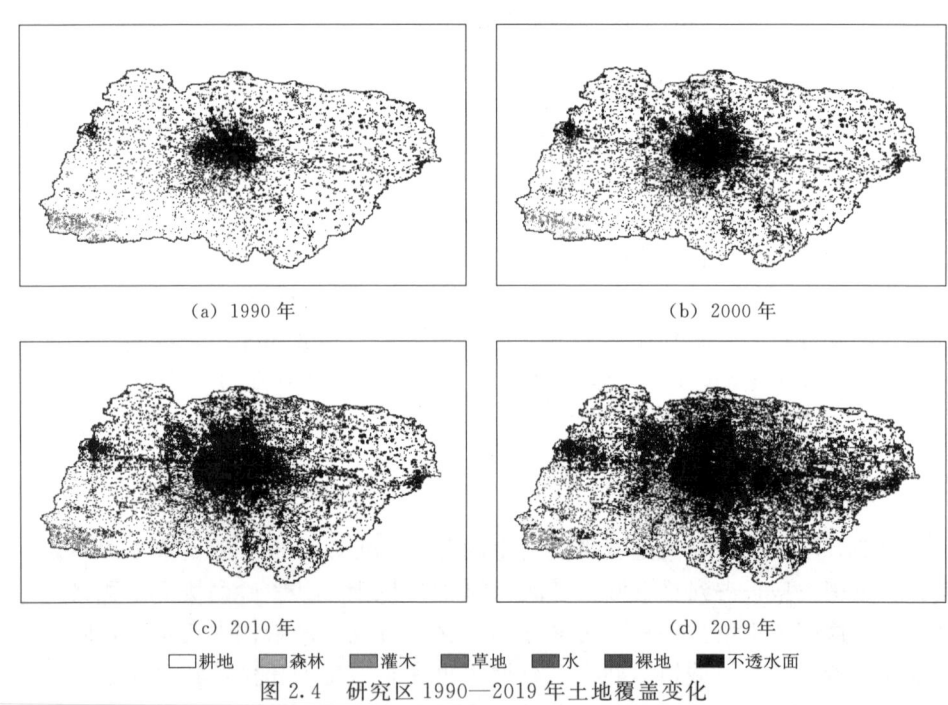

图 2.4　研究区 1990—2019 年土地覆盖变化

究区土地覆盖变化显著,特别是不透水面这一土地覆盖类型,1990—2019 年的不透水面呈现非常明显的从市中心往四周扩充的趋势。总的来看,耕地、森林、灌木、草地、水、不透水面及裸地等类型是研究区的主要土地覆盖类型。1990 年流域内主要土地覆盖类型为耕地,面积约为 1634.97km^2,占总面积的

81.14%，其次为不透水面，面积约 341.54km²，占总面积的 16.95%，森林、灌木、草地等类型分布在流域的西南角。随着郑州市城镇化建设的不断发展，不透水面逐渐取代了耕地，成为面积最高的土地覆盖类型。特别是到 2019 年，不透水面面积增加到 1031.56km²，占总面积 51.2%，成为了研究区最主要的土地覆盖类型。这一变化不仅改变了研究区下垫面特征，更将会影响到原有的产汇流机制，对于应对新形势下的流域防洪排涝问题带来了挑战。由此本书进行了多尺度不透水面的提取与研究区适用性分析，进而对不透水面变化产生的一系列水文效应进行研究，将有助于城市化流域的防洪排涝体系建设。

2.2 数据收集

2.2.1 遥感影像数据

本书利用了高分系列卫星、哨兵 2 号（Sentinel-2）和 Landsat 系列卫星等多源光学遥感影像。选取质量较好，云量均小于 5% 的影像分别应用于研究区多尺度不透水面提取和长系列不透水面提取两部分内容。具体的影像成像时间等信息见表 2.1。

表 2.1 GF-1 波 段 参 数

卫星	载荷	成像时间（年-月-日）	空间分辨率/m
GF-1B	PMS	2020-03-10	2、8
Sentinel-2	MSI	2019-07-07	10、20、60
GF-1	WFV4	2019-08-15 2013-07-30	16
Landsat-8	OLI	2019-07-07	30
GF-4	PMI	2020-09-18	50
Landsat-8	OLI	2013-06-04	30
landsat-5	TM	2004-08-30	30
landsat-5	TM	1995-09-23	30
landsat-5	TM	1986-07-12	30

2.2.1.1 高分系列数据

GF-1（高分 1）卫星于 2013 年 4 月成功发射，为太阳同步轨道，高度为 645km，搭载了两台 2m 分辨率、全色 8m 分辨率多光谱 PMS 相机和四台 16m 分辨率的多光谱 WFV 相机。2018 年 GF-1B、C、D 卫星投入使用，波段参数设置与 GF-1 PMS 一致，与 GF-1 协同观测可实现 11d 全球覆盖，1d 重访。

GF-4号卫星为地球同步轨道，轨道高度为36000km，于2016年6月投入使用。本书收集了GF系列的2m、16m、50m尺度的影像数据，各卫星详细参数见表2.2。研究区高分系列影像均通过国家资源卫星应用中心获取，获取后首先进行辐射定标与大气和正射校正等预处理，得到研究区地表真实反射率。

表2.2 GF系列卫星技术指标

卫星	波谱范围/μm	重访周期	幅宽/km	空间分辨率/m
GF-1 GF-1B	0.45~0.90	4d	60	2
	0.45~0.52			8
	0.52~0.59			
	0.63~0.69			
	0.77~0.89			
GF-1	0.45~0.52	4d	800	16
	0.52~0.59			
	0.63~0.69			
	0.77~0.89			
GF-4	0.45~0.90	20s	400	50
	0.45~0.52			
	0.52~0.60			
	0.63~0.69			
	0.76~0.90			
	3.50~4.10	20s	400	400

2.2.1.2 Sentinel-2数据

Sentinel-2包括Sentinel-2A和Sentinel-2B两颗卫星，分别于2015年6月和2017年3月发射。两颗卫星互补，重放周期可以达到5d。本书采用的是Sentinel-2A的Level-2A数据，该数据已经经过了大气校正，代表地表反射率。Sentinel-2卫星为研究提供10m尺度的影像数据，卫星详细参数见表2.3。

表2.3 Sentinel-2卫星技术指标

序号	中心波长/μm	空间分辨率/m	序号	中心波长/μm	空间分辨率/m
1	0.443	60	5	0.705	20
2	0.49	10	6	0.74	20
3	0.56	10	7	0.783	20
4	0.665	10	8	0.842	10

续表

序号	中心波长/μm	空间分辨率/m	序号	中心波长/μm	空间分辨率/m
9	0.865	20	12	1.61	20
10	0.945	60	13	2.19	20
11	1.375	60			

2.2.1.3 Landsat 数据

美国陆地卫星从1972年以来已经发射9颗，有较好的时间连续性，可为研究提供长时间系列的30m尺度影像数据。本书收集了Landsat-5和Landsat-8影像。Landsat-5卫星于1984年3月发射，2013年6月失效，搭载TM传感器，设置了7个多光谱波段。Landsat-8卫星于2013年2月发射，目前仍在轨运行，其搭载了TIRS热红外及OLI传感器，相比TM传感器，OLI传感器增加了卷云和海岸波段。两个卫星的详细参数见表2.4和表2.5。研究区影像获取是通过GEE平台调用Landsat系列地表反射率数据，编译代码在线挑选研究中所需年份的多时相影像，经过质量控制对影像进行去云处理，选择质量较好的影像裁剪至研究区范围后下载使用。

表 2.4　　　　　　　　　　Landsat-8 卫星技术指标

序号	波长范围/μm	空间分辨率/m	序号	波长范围/μm	空间分辨率/m
1	0.433~0.453	30	7	2.100~2.300	30
2	0.450~0.515	30	8	0.500~0.680	15
3	0.525~0.600	30	9	1.360~1.390	30
4	0.630~0.680	30	10	10.60~11.19	100
5	0.845~0.885	30	11	11.50~12.51	100
6	1.560~1.660	30			

表 2.5　　　　　　　　　　Landsat-5 卫星技术指标

序号	波长范围/μm	空间分辨率/m	序号	波长范围/μm	空间分辨率/m
1	0.45~0.52	30	5	1.55~1.75	30
2	0.52~0.60	30	6	10.40~12.5	120
3	0.63~0.69	30	7	2.08~2.35	30
4	0.76~0.90	30			

如上文所述，不同卫星影像在经过一系列预处理之后获得了地表反射率影像以供不透水面提取使用，但由于各卫星影像的传感器、分辨率、成像时间等不尽相同，为空间上匹配各影像，首先需要几何校正遥感影像，以GF-1B高分

2.2.2 模型驱动数据

除去多源遥感数据外，本书还收集了用以构建和驱动水文水动力耦合模型的相关数据，如气象、下垫面、河道断面及排水管网等数据。此外，为验证所构建模型的合理性及提升模型的模拟精度，还需收集相关水文数据，如流量及积水点数据等。下文主要介绍所需收集的模型驱动数据及其来源。

2.2.2.1 气象水文数据

气象水文数据主要包括降水和流量数据。降水数据采用的是研究区31个站点的降雨监测数据，流量采用的是研究区出口站中牟站的观测流量，均从研究区涉及的水文局以及《水文年鉴》收集整理得到，由于各站点的建站时间不一致，模型模拟时根据暴雨场次时间适当增减雨量站点数量。雨量站和水文站点位置如图2.5所示。各站点的类型、建站时间和经纬度坐标等信息见表2.6。

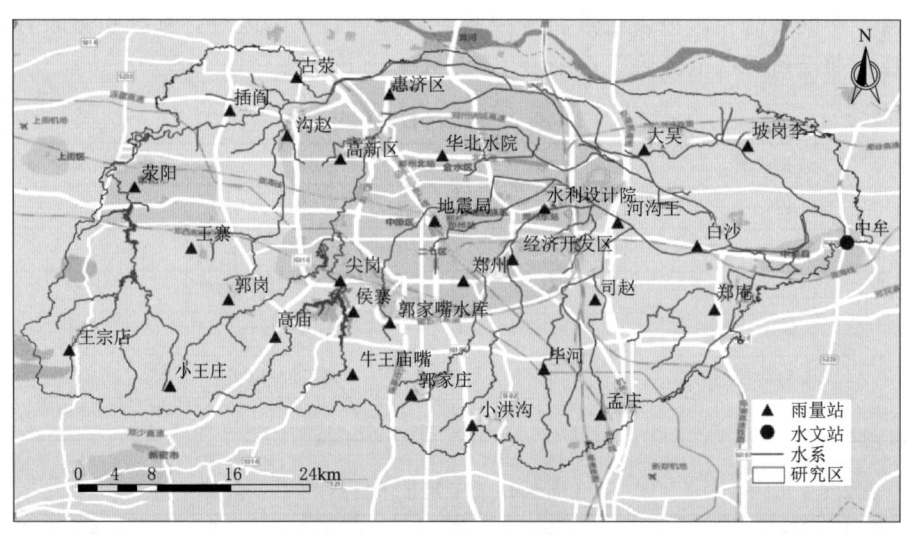

图2.5 研究区站点分布图

表2.6 研究区31个站点主要信息表

序号	站点编号	站名	类型	建站年份	经度	纬度
1	50606600	郑州	雨量站	2010	113°40′55″	34°42′00″
2	50606601	华北水院	雨量站	2010	113°39′47″	34°48′41″
3	50606603	水利设计院	雨量站	2010	113°45′22″	34°45′52″
4	50606605	高新区	雨量站	2010	113°34′12″	34°48′30″

续表

序号	站点编号	站名	类型	建站年份	经度	纬度
5	50606610	经济开发区	雨量站	2010	113°43′37″	34°43′08″
6	50630370	高庙	雨量站	1987	113°30′36″	34°39′00″
7	50630450	牛王庙嘴	雨量站	1980	113°34′51″	34°37′00″
8	50630452	侯寨	雨量站	2012	113°34′54″	34°40′21″
9	50630455	郭家嘴水库	雨量站	2012	113°36′56″	34°39′45″
10	50630700	小王庄	雨量站	1980	113°24′43″	34°36′23″
11	50631100	王宗店	雨量站	1980	113°19′07″	34°38′19″
12	50631250	荥阳	雨量站	1980	113°22′48″	34°47′00″
13	50631254	插阁	雨量站	2012	113°28′06″	34°51′05″
14	50631256	古荥	雨量站	2012	113°31′49″	34°52′51″
15	50631300	司赵	雨量站	1980	113°48′08″	34°41′00″
16	50631301	毕河	雨量站	2012	113°45′19″	34°37′17″
17	50631302	小洪沟	雨量站	2012	113°41′24″	34°34′18″
18	50631303	郭家庄	雨量站	2012	113°38′06″	34°35′56″
19	50631351	郭岗	雨量站	2012	113°28′00″	34°41′01″
20	50631354	沟赵	雨量站	2012	113°31′17″	34°49′45″
21	50631355	王寨	雨量站	2012	113°25′56″	34°43′45″
22	50631500	河沟王	雨量站	1980	113°49′23″	34°45′06″
23	50631501	大吴	雨量站	2012	113°50′50″	34°49′00″
24	50631601	白沙	雨量站	2012	113°53′45″	34°43′52″
25	50631602	坡岗李	雨量站	2012	113°56′31″	34°49′12″
26	50631704	郑庵	雨量站	2012	113°54′42″	34°40′29″
27	50606607	惠济区	雨量站	2010	113°36′54″	34°51′56″
28	50631305	孟庄	雨量站	2012	113°48′26″	34°34′52″
29	50606608	地震局	雨量站	2010	113°39′22″	34°45′11″
30	50630550	尖岗	雨量站	1980	113°34′12″	34°42′00″
31	50631600	中牟	水文站	1980	114°1′59″	34°44′03″

2.2.2.2 下垫面数据

模型构建所需的数字高程数据采用的是资源卫星应用中心所提供的 5m 分辨率 DEM 数据。土地覆盖产品选用武汉大学 2021 年发布的 1990—2019 年中国逐年土地覆盖数据集（CLCD，分辨率为 30m，投影为 WGS1984），该数据以

Landsat 卫星影像为主，通过中国土地利用/覆盖数据集获取稳定的样本来训练得出，总体精度均优于 MCD12Q1、ESACCI_LC、FROM_GLC 和 GlobeLand30 产品[84]。数据集包含中国 1985 年、1990—2019 年共 31 年的 9 种土地覆盖类型分布情况，将土地覆盖分为 9 种土地覆盖类型，分别为不透水面、森林、雪/冰、裸土、耕地、草地、灌木、水体及湿地等。土壤数据是从 1km 分辨率的世界和谐土壤数据集（HWSD）中获取，其中中国境内的数据为南京土壤所的全国第二次土地调查 1∶100 万土壤数据。

2.2.2.3 河道断面与排水管网数据

河道断面数据是驱动城区水动力模拟的必要数据，涉及金水河、熊耳河、七里河、十七里河、十八里河、魏河、老魏河、贾鲁河、东风渠和潮河等 10 条河道，共 790 个河道断面。图 2.6 和图 2.7 为潮河和七里河的典型断面节选。排水管网数据通过郑州市规划勘测设计研究院编制的《郑州市排水工程规划》中整理得到。此外，也通过舆情信息收集整理了研究区积水点资料。

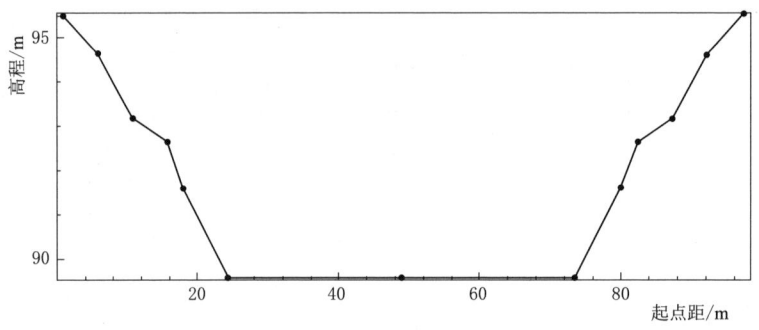

图 2.6 潮河典型断面图

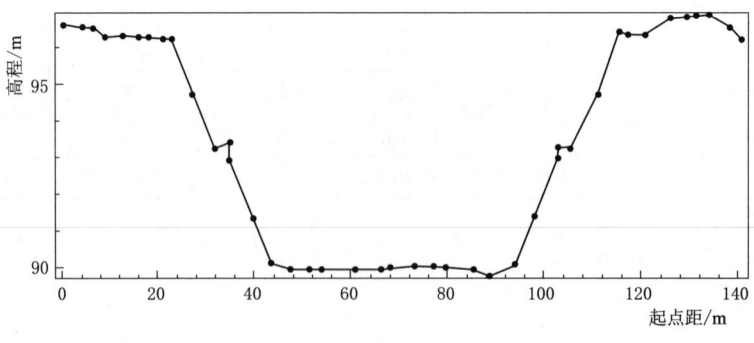

图 2.7 七里河典型断面图

2.3 研究区暴雨径流特征分析

2.3.1 降水特征

根据收集到的研究区 8 个雨量站 1980—2019 年逐日降水量进行空间插值，得到平均年降水量空间分布，如图 2.8 所示。可以看出，研究区 1980—2019 多年平均降水量处于 490～704mm，平均值为 606mm。在空间分布上，降水主要集中在贾鲁河上游的山区丘陵地带，由西南向东北方向降雨逐渐减少。除去西北角荥阳一带，降水量分布基本与地势走向一致。进一步从整个研究区对降水进行统计，图 2.9 展示了研究区 1980—2019 年多年平均降水量逐年和年内变化。分析图 2.9（a）可知，研究区降水年际变化较大，其中 2003 年降水量最大，为 1031.26mm，是年平均降水量的 1.72 倍，最小年降水量发生在 1997 年，为 348.06mm，仅是年平均降水量的 0.58 倍。2000—2009 年降水较为丰富，年代平均降水量为 683.00mm，高于多年平均值 13.9%。2010—2019 年降水量偏少，平均降水量为 546.28mm。20 世纪 80 年代和 20 世纪 90 年代的平均降水量与多年均值基本持平。整体来看，1980—2019 年的降水量总体呈现出先增加后减少的趋势。从降水的年内分配上来看［见图 2.9（b）］，研究区降水的时间分布也呈现出差异很大的特征，流域降水主要集中在 5—9 月，占全年平均降水的 75.57%。7 月和 8 月多年平均降水量最大，均在 100mm 以上，1 月和 12 月最小，多年平均降水量都在 10mm 以内。

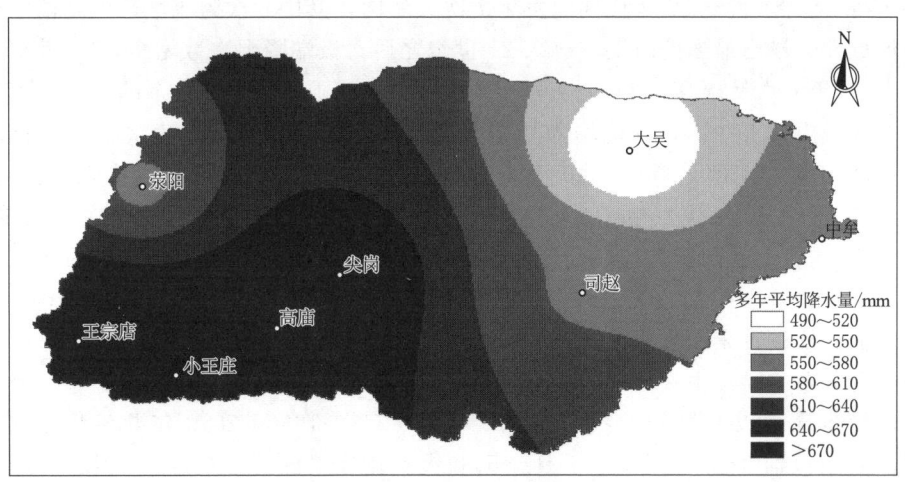

图 2.8 研究区 1980—2019 多年平均降水量

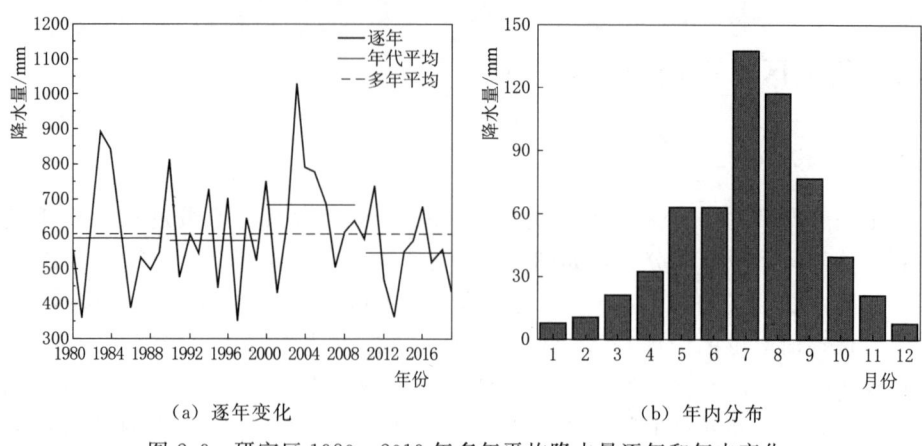

(a) 逐年变化　　　　　　　　　(b) 年内分布

图 2.9　研究区 1980—2019 年多年平均降水量逐年和年内变化

2.3.2　暴雨特征

根据雨量等级划分标准[205]，以逐日降水量为对象，对研究区 1980—2019 年的暴雨进行筛选，共筛选出 150 场暴雨（24h 雨量≥50mm）和 31 场大暴雨（250mm≥24h 雨量≥100mm）。图 2.10 展示了研究区 1980—2019 年来暴雨次数年际和年内逐月累计分布。可以看出，研究区具有暴雨，特别是大暴雨易发频发的特征，不同年代的累积暴雨次数均在 30 次以上，平均也在 40 次以上，也就是说，每 10 年研究区几乎会平均发生 40 次以上的暴雨和大暴雨。20 世纪 80 年代暴雨次数最多，20 世纪 90 年代和 21 世纪第一个 10 年相当，21 世纪第二个 10 年最少。20 世纪 80 年代期间发生 7 次大暴雨，其中 3 次为流域性大暴雨，也是流域性大暴雨最多的时期，进入 21 世纪之后，极端降雨次数增多，21 世纪第一个 10 年的大暴雨高达 14 次，为 4 个年代中大暴雨发生次数最多的年代，流域性的大暴雨只有一次，其他均为局部大暴雨。总体分析暴雨发生次数的变化趋势可以发现，21 世纪第一个 10 年发生的暴雨和大暴雨次数最多，共 53 次，其次是 20 世纪 80 年代发生了 50 次暴雨，21 世纪第二个 10 年的暴雨次数最少，发生了 34 次。暴雨次数与研究区的年代平均降水量［见图 2.9（a）］的变化趋势较为一致，均在 21 世纪第一个 10 年达到最大而后又在 21 世纪第二个 10 年降为最低。从逐月累积暴雨次数的变化上看［见图 2.10（b）］，研究区的暴雨年内逐月分布主要集中在 4—10 月，其中 7 月和 8 月暴雨最为集中，发生次数最多，发生暴雨以上级别的次数占总次数的 65%，1980—2019 年共发生了 117 次，其中包括 23 次大暴雨。7 月暴雨和大暴雨次数最多，5 月、6 月、9 月暴雨分布较为相似，平均每月发生 18 次，4 月、10 月暴雨出现次数较少，均在 5 次以下。

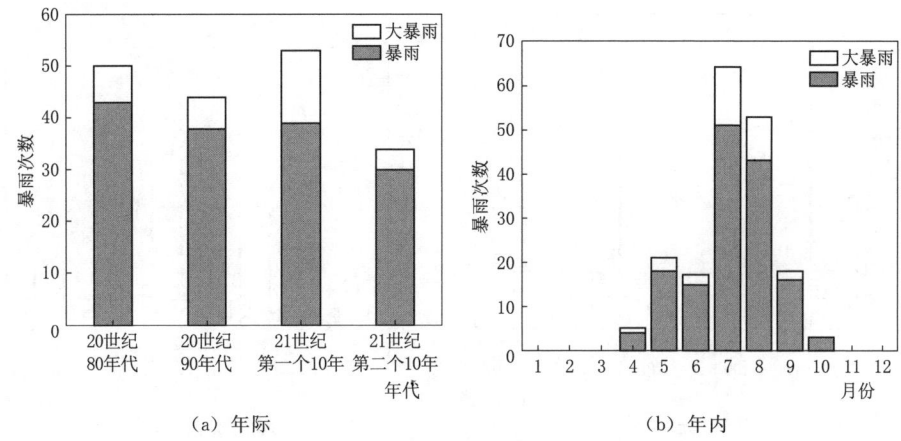

图 2.10 研究区 1980—2019 年来暴雨次数年际和年内逐月累计分布

2.3.3 径流特征

根据收集到的研究区出口站中牟水文站 1980—2019 年逐日流量，分别对流量的年际和年内变化特征进行统计分析。图 2.11 展示了中牟站多年日流量年际和年内分布情况，图中箱体下端和上端分别代表逐日流量的 25%~75%分位数，箱体中黑线和方框分别代表了中位数和均值，黑点为异常值。从流量的年际分布[见图 2.11（a）]可以看出，20 世纪 80 年代逐日流量大于 $80m^3/s$ 发生的次数较多，说明防洪压力大，洪水发生较多，其次是 21 世纪第一个 10 年，20 世纪 90 年代降水量偏少，流量峰值也较小。1980—2009 年流量平均值分布在 $13m^3/s$ 左右，而 21 世纪第二个 10 年虽然降水量最少，暴雨发生次数最低，但流量均值增加到了 $21.36m^3/s$，上下的 25%~75%分位数流量也均高于其他年代，这与政府开展的综合治理工程（生态水系建设、清淤疏浚等）有效地增加了贾鲁河的基流有关。此外，郑州市城市化建设改变了城市下垫面条件，导致不透水面水增加，进而使产汇流速度加快，也导致峰值流量增加，关于如何量化不透水面变化对暴雨洪涝的影响将在下文重点分析。

进一步分析流量的年内变化[见图 2.11（b）]，可以看出，年内月平均流量在 $9.79~24.20m^3/s$，中位数变化范围在 $8.74~20.90m^3/s$，汛期平均流量达到非汛期的两倍左右，径流峰值也在 7—9 月达到较高水平，最大达到 $157m^3/s$，其他月份流量均在 $80m^3/s$ 以内。这与贾鲁河流量主要来自汛期山区来水有关。平时贾鲁河流量主要来自城区排污，流量较小且稳定集中，而春夏两季降雨开始增多后，强降雨下的山区产流和城市排涝使下游贾鲁河的流量迅速增加，径流峰值陡增，产生洪水风险相对较高。

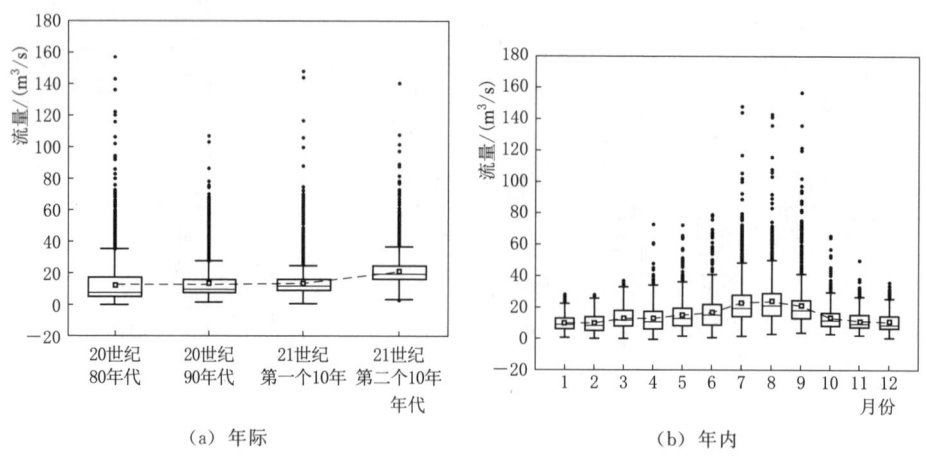

图 2.11 中牟站多年日流量年际和年内分布图

2.4 本章小结

　　本章首先阐述了研究区的选择依据，为定量分析不透水面带来的水文效应，选择了城市化发展较快、近年来频繁遭受极端降雨的郑州市贾鲁河流域为研究区。然后介绍了研究区自然地理特征、土壤与植被覆盖变化特征，研究区土地覆盖变化显著，特别是不透水面这一土地覆盖类型，1990年流域内主要土地覆盖类型为耕地，占总面积的81.14%，其次为不透水面，占总面积的16.95%，随着郑州市城镇化建设的不断发展，不透水面逐渐取代了耕地，2019年成为面积占比最高的土地覆盖类型（51.2%）。接着，对本书采用的遥感数据和模型驱动数据的收集与预处理也进行了介绍。最后，根据收集到的降水和径流数据对研究区1980—2019年来的降水、暴雨及径流等的变化特征进行统计与分析，研究区1980—2019年多年平均降水量约为606mm。降水主要集中在贾鲁河上游山区丘陵地带，降水从西南到东北方向呈逐渐减少趋势。降水年际变化和年内差异较大；研究区具有暴雨，特别是大暴雨易发频发的特征，1981—2019年共发生了117次暴雨，其中包括23次大暴雨。暴雨和大暴雨次数最多是在7月。研究区21世纪第二个10年流量均值大于1980—2000年的流量均值，25%～75%分位数流量也均高于其他年代，这可能与研究区不透水面变化有关。年内汛期流量约为非汛期的两倍，径流峰值在7—9月达到较高水平，最大达到157m^3/s，其他月份流量在80m^3/s以内。夏季降雨增多，强降雨下的山区产流和城市排涝使下游贾鲁河流量迅速增加，径流峰值陡增，产生洪水风险相对较高。

第 3 章

多尺度不透水面遥感提取与分析

本章就多尺度不透水面提取结果在研究区的适用性展开研究,提出了多特征随机森林算法,同时考虑了光谱、指数和纹理等特征,并采用该算法分别提取2m、10m、16m、30m、50m空间分辨率下不透水面结果,基于混淆矩阵和不透水面比例对不透水面进行精度评估,结合对现有遥感不透水面数据产品的评价综合计算不透水面优先级指数,分析各尺度不透水面结果在研究区的适用性。利用Landsat系列卫星影像获取研究区1986—2019年的不透水面变化情况,进一步分析研究区不透水面变化特征。采用变化速率和变化强度对年代不透水面面积变化特征进行分析,采用标准差椭圆法和等扇分析法分析了研究区不透水面空间变化特征,揭示出1986年来研究区不透水面的时空演变趋势。

3.1 不透水面提取方法

3.1.1 多特征随机森林算法

随机森林算法由Breiman[56]于2001年提出,是一种基于决策树分类的机器学习算法。随机森林算法以决策树为分类器,其中各决策树的训练样本是从训练样本集中采用Bootstrap方法有放回地随机抽取组成,每次抽取的样本数量为总样本集的2/3,袋外(Out of bag,OOB)数据采用剩余1/3样本,再从样本总特征中随机抽取一个子集对决策树模型进行训练。随机森林分类器由一系列决策树基分类器组成,且从所有基分类器的训练结果中投票选择最佳分类方式进行分类。随机森林算法分类流程如图3.1所示。

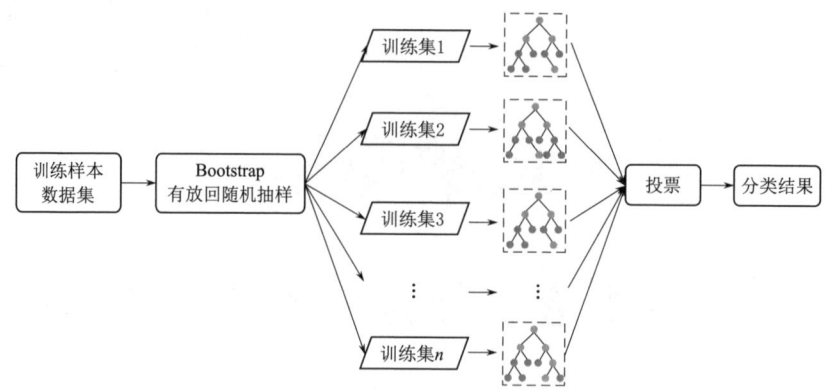

图3.1 随机森林算法分类流程图

随机森林算法中样本选择和特征变量选择的随机性不仅能提高分类准确性，而且可有效规避分类结果的过拟合问题。袋外数据的存在可以令模型无需额外设置验证样本，以袋外误差对模型的泛化误差进行无偏估计。随机森林算法对于高维数据计算的能力较高，而且可以对大量的特征变量数据进行重要性评分，筛选出对于分类结果贡献度较大的特征，达到减少数据冗余对分类结果的干扰和节省算力的目的。基于以上特点，随机森林算法在遥感影像分类上应用广泛[206-209]，而且相较于其他的机器学习算法，随机森林算法展现出了一定的优越性。在不透水面提取方面，国内外众多学者也以该方法为基础进行了尝试，并取得了较好的结果。综合前人的研究，本章采用包含光谱特征、指数特征和纹理特征的多特征融合的随机森林算法进行研究区的多尺度不透水面提取。根据收集到不同的中高分辨率影像，分别在五个尺度［2m（GF-1B）、10m（Sentienl-2）、16m（GF-1）、30m（Landsat）、50m（GF-4）］同步提取不透水面，从提取精度的角度讨论研究区不透水面提取的最优尺度。由于不同卫星影像包含的光谱波段数量不尽相同，本书以共有的蓝、绿、红、近红外四个波段为基础，进行遥感影像的多特征提取，实验流程如图3.2所示。首先，计算NDWI指数和NDVI指数，进而对研究区的水体和植被进行分离；其次是主成分分析近红外波段和可见光波段，基于前两个主成分进行纹理特征提取，光谱特征、指数特征和纹理特征融合构成多特征随机森林特征数据集。根据训练样本对多特征随机森林模型进行参数调试，获得高准确性的模型后，对研究区进行多尺度不透水面提取，提取结果还需进行滤波降噪以减少分类结果的椒盐现象，最后利用验证样本对各尺度的不透水面结果进行精度评价，分析各尺度影像分类的优劣。

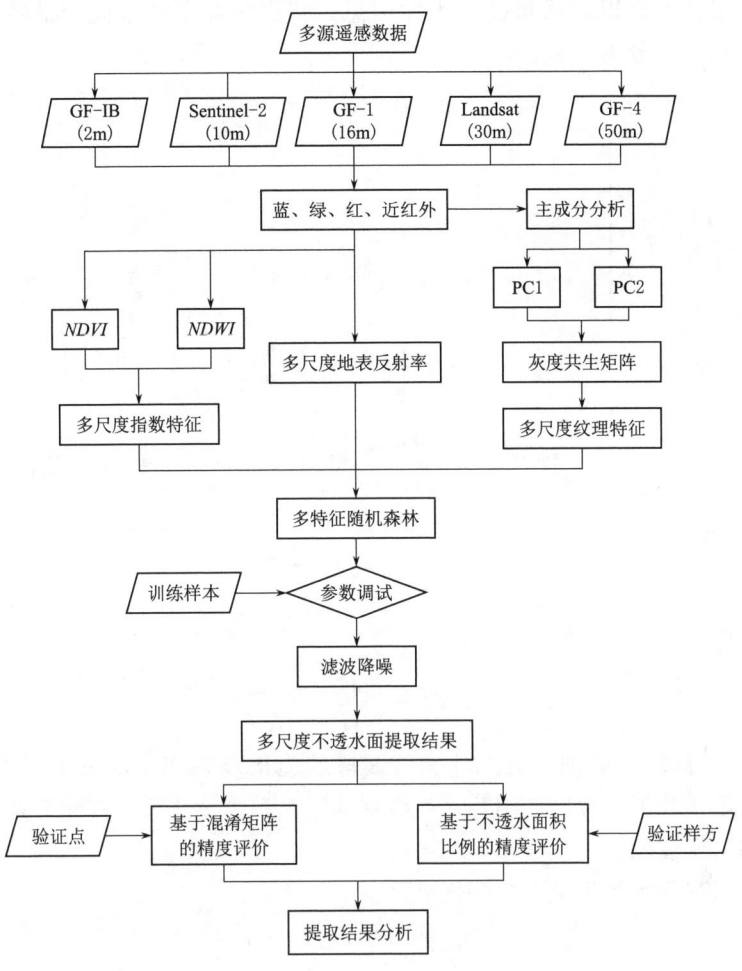

图 3.2 不透水面提取与分析流程

3.1.1.1 指数特征

城市中主要的地物有植被、水体、人为扰动出现的裸土和建筑、道路等不透水面，图 3.3 为在本次 10m 不透水面提取所用哨兵 2 号遥感影像上对以上四大类地物采样并进行光谱特征统计的结果。可以看出，水体的光谱反射率与其他地物有明显的区别，在红、近红波段反射率均最小；植被反射率则在近红外波段陡升。此外，不透水面及裸土在四个波段上的反射率都较高，波长越长反射率越大，且增长趋势相似。这给区分不透水面和裸土带来了挑战，也是一直以来不透水面提取研究中的难点之一。仅靠蓝、绿、红、近红外四个波段很难将城市中的不透水面提取出来，因此本书考虑在四个光谱波段的基础上增加植被指数和水体指数以增强植被和水体信息，首先将与不透水面光谱特征区别明显的植被和水体分离出来。

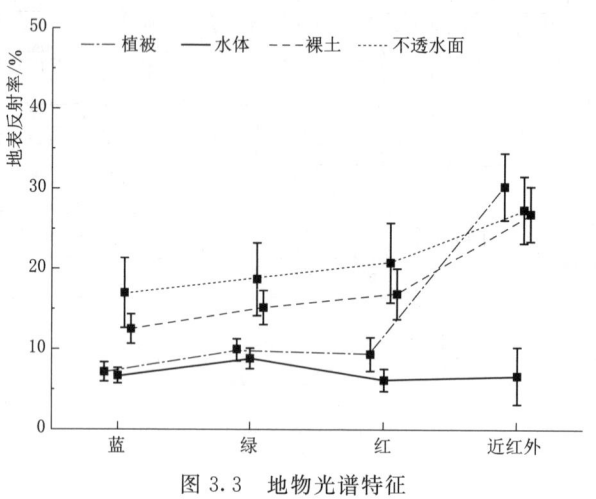

图 3.3　地物光谱特征

（1）归一化植被指数（NDVI）[210]：

$$NDVI = \frac{NIR - Red}{NIR + Red} \quad (3.1)$$

式中：NIR 和 Red 分别为近红外和红波段的光谱反射率。本书采用 Landsat 5 数据中的第 4 和第 3 波段，哨兵 2 号数据为第 8 和第 4 波段，其他系列卫星影像为第 5 和第 4 波段。

（2）归一化水体指数（NDWI）[211]：

$$NDWI = \frac{Green - NIR}{Green + NIR} \quad (3.2)$$

式中：$Green$ 为绿波段的光谱反射率，在 Landsat-5 数据中的第 2 波段，其他系列卫星影像中为第 3 波段。

3.1.1.2　纹理特征

城市中大多数的不透水面，例如居民楼、厂房、硬化道路等均具有规则的几何形状，而城市中的裸土大多为人为扰动产生，形状不规则，基于此引入纹理特征来弥补两者光谱特征相似不好区分的问题，寻求更好地分离裸土和不透水面的方法。为避免纹理特征分析时产生过多的统计分量，首先对多光谱波段进行主成分分析，选择包含信息较多的前两个主分量进行纹理特征计算分析。

纹理分析的方法包括四大类别：模型方法、结构方法、统计方法以及基于数学变换法[212]。其中，统计方法发展时间最长，以灰度共生矩阵（GLCM）为代表,是遥感影像纹理分析中常用的方法之一[213-215]。GLCM 是通过计算滑动窗口下的灰度图像得到共生矩阵,描述的是某特定位置 $P_{i,j}$ 在 d 个像素距离、θ 方向上具有灰度 i 和 j 的频率,反映图像的变化、方向和距离等综合信息。进行 GLCM 计算需要确定 4 个参数,即滑动窗口的大小、移动距离、矩阵方向与灰度级。常用的 GLCM 纹理量有相关性、均值、方差、熵、对比度、不相似性、同质性、角二阶矩等,关于不同纹理量计算公式见表 3.1。

表 3.1　　　　　　　　　　GLCM 纹理量公式表表

编　号	纹理量	公　　式
1	相关性	$\sum_{i,j=0}^{L-1} P_{i,j} \dfrac{(i-u_i)(j-u_j)}{\sigma_i \sigma_j}$
2	均值	$\sum_{i,j=0}^{L-1} \dfrac{P_{i,j}}{N^2}$
3	方差	$\sum_{i,j=0}^{L-1} P_{i,j}(i-u_i)^2$
4	熵	$\sum_{i,j=0}^{L-1} P_{i,j}(-\ln P_{i,j})$
5	对比度	$\sum_{i,j=0}^{L-1} P_{i,j}(i-j)^2$
6	不相似性	$\sum_{i,j=0}^{L-1} P_{i,j}\lvert i-j \rvert$
7	同质性	$\sum_{i,j=0}^{L-1} \dfrac{P_{i,j}}{1+(i-j)^2}$
8	角二阶矩	$\sum_{i,j=0}^{L-1} P_{i,j}^{\,2}$

光谱特征、指数特征和纹理特征融合后,构成多特征随机森林算法特征集,利用随机森林算法从不同尺度提取研究区不透水面。

3.1.1.3　分类参数设置

影响随机森林算法分类精度的因素除了以上用以区分类别的特征向量的代表性外,还包括算法本身的一些参数设置。随机森林算法的主要参数有基评估器数量(n_estimators)、分枝随机模式参数(random_state)、不纯度指标(criterion)、最大深度(max_depth)及最大特征变量个数(max_feature)等。criterion 是基于节点来计算的,计算方法有基尼系数和信息熵两种,常用来评价预测的准确度。随机是随机森林算法的本质,具体体现在节点分枝、特征向量选取、训练样本选取等各环节,random_state 参数则可以控制其随机状态从而稳定模型,使实验结果可重复。n_estimators 越大,模型的分类效果通常越好，但同时 n_estimators 越大，计算所需要的时间和占用的内存就越大，而且 n_estimators 达到一定边界后，模型的精确度将不再上升或者开始出现波动，为取得模型精度和训练效率之间的平衡，n_estimators 参数的选择显得尤为重要。max_depth 限制了基分类器的最大深度，在样本量少、维度高的模型中，基分类器每增加一层，样本量需增加一倍，因此设置 max_depth 能有效限制过拟合问题。max_feature 所考虑的是限制分枝时的特征个数，超出的特征就会被舍弃，其一般默认为总特征数开方取整[216-217]。

参数的优化可以采用交叉验证来获得参数的学习曲线，即将训练样本数据集划分为 n 份，每次取一份作为验证集，剩余的 $n-1$ 份为训练集，多次训练模型可观察模型的稳定性，设置参数试算区间，区间内参数循环交叉验证来获得参数变化与模型准确性评分之间的关系，从而确定最优参数。

3.1.2 样本选取

有监督的图像分类离不开训练样本和验证样本的选择[218]，选择一个合适的采样策略来获取样本，是有监督的随机森林算法可靠的基础。采样策略主要分三个部分来确定：采样方法、大小和单位。采样方法包括系统、简单随机及分层随机等三种采样方法。采样单位可以以单个像素为单位，也可以基于多边形块选择多个像素为单位，还可以基于种子点选择连续相似的像素作为一个单位。本书中训练样本和验证样本的种类确定依靠地面真实资料采集和同期的 Google Earth 影像。

在对训练样本进行采集时，采用的是简单随机采样：在研究区范围内生成随机点，确定样本之后，以小多边形为单位勾绘训练样本，同时兼顾地物种类分配的均匀性，采样大小要大于最大尺度像元，也就是 50m×50m。最终选取了 491 个样本，其中不透水面样本 230 个，透水面样本 261 个。

验证样本的选取分为两种方式，分别服务于两种精度评价方法。其中一种是针对混淆矩阵的精度评价方法，样本单位为单个像素，采取简单随机采样方式在研究区范围内生成 400 个验证点，其中不透水面样本 191 个，透水面样本 209 个。样本分布如图 3.4 所示。

另外一种样本选取方式是针对单位面积内不透水面占比的精度评价方法，采用分层随机采样法，以研究区内 9 个区县为单位分别生成随机点，以随机点为中心生成直径为 1.2km 的圆形缓冲区，之后在缓冲区生成外接矩形得到边长为 1.2km、面积为 1.44km^2 的样方。样本划分从 9 个区县城市化程度、地表空间异质性强度和研究区内的面积大小三个方面进行考虑。在位于中心城区的管城回族区、二七区、金水区、中原区和惠济区等 5 个区域，控制样方总面积为

图 3.4 基于混淆矩阵精度评价的验证样本选取

各区面积的 20%,其他县级行政单位样方面积控制为各单位面积的 10%,共采集 200 个样方。表 3.2 展示了研究区内各区县的面积以及采集样方的数量,图 3.5 展示了基于不透水面比例误差评价的验证样本的位置分布。可以看出,采取这样的采样方式后,研究区内惠济区的面积虽然是最小的,大约是研究区内新郑市面积的一半,但样方数量相当,且比面积较大的新密市的样方数量多,有利于针对不透水面比例误差的评价。图 3.6 展示了 4 个具有代表性的样方内对真实地表的不透水面划分成果,基于每个样方内真实的不透水面占比对多尺度遥感影像不透水面提取结果进行精度评价,具体评价方法见 3.1.3.2 节。

表 3.2 分层随机采样各区县样方数量

区 县	面积/km^2	样本数量/个	区 县	面积/km^2	样本数量/个
中原区	205.13	28	中牟县	399.37	27
二七区	163.88	23	荥阳市	368.98	26
管城回族区	205.16	28	新密市	148.09	10
金水区	239.91	33	新郑市	189.97	13
惠济区	94.83	12	合计	2015.32	200

3.1.3 精度评价方法

不透水面提取根据遥感反演方法的不同,通常会得到两种不同的不透水面分布图:一种是基于图像分类的不透水面图;另一种是基于指数或线性回归等方法的不透水面比例图。这两种提取结果分别对应两种不同的精度评价方法:一种是混淆矩阵[219]的方法;另一种是基于不透水面比例计算与真实地表的相关

第3章 多尺度不透水面遥感提取与分析

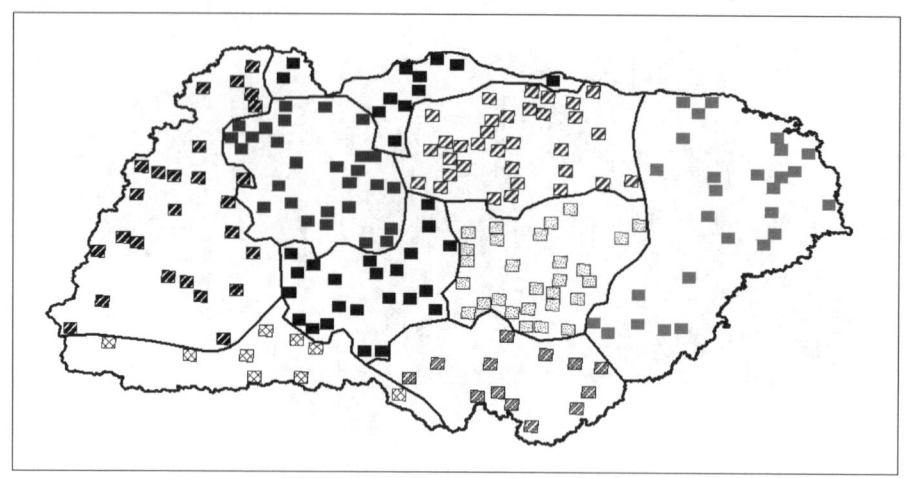

图 3.5 不透水面比例评价验证样本选取

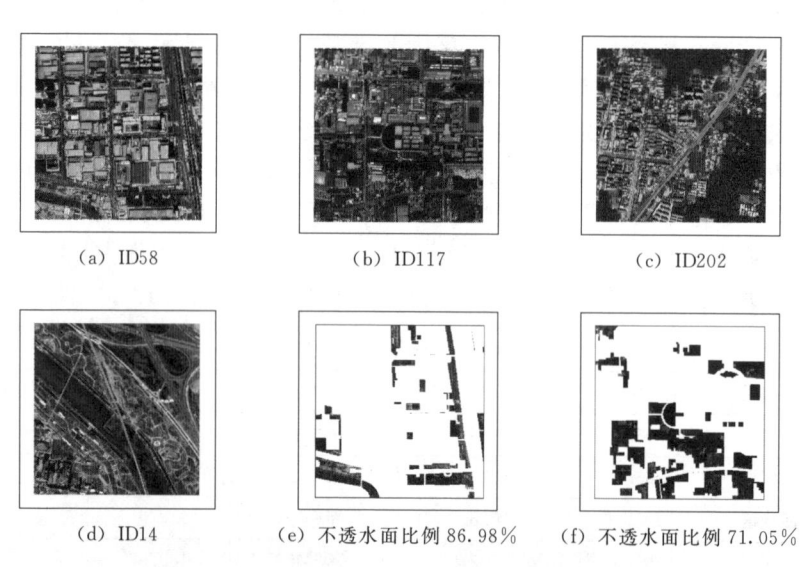

(a) ID58　　　　　　(b) ID117　　　　　　(c) ID202

(d) ID14　　　(e) 不透水面比例 86.98%　　(f) 不透水面比例 71.05%

(g) 不透水面比例 50.26%　　(h) 不透水面比例 14.18%

图 3.6 随机样方和真实不透水面区域示意图

性和误差来评价提取精度[220]。本书采用图像分类法提取不透水面,将研究区的地表分为了透水面和不透水面两类,因此选择混淆矩阵的方法来评价各尺度遥感影像的分类精度,同时,为计算提取结果在研究区不透水面应用中的优先级指数,分析各尺度不透水面提取结果在研究区的适用性,还选用了不透水面比例误差评价方法,综合评价多尺度遥感不透水面提取精度[221]。

3.1.3.1 基于混淆矩阵的精度评价

混淆矩阵是以误差矩阵(表 3.3)来展示验证样本被正确分类的概率,表 3.3 中"真实数据"列代表了某类别的真实分类数,行代表影像分类结果中对于真实类别的划分,其中通常会包含一部分错分为该类别的数目。通过误差矩阵可以计算出分类结果的制图精度、用户精度和总体分类精度、错分与漏分误差以及 Kappa 系数,并以此来判断分类结果的优劣。

表 3.3 误差矩阵示意表

误差矩阵		真实数据		行合计	用户精度
		不透水面	非不透水面		
提取结果	不透水面	X_{11}	X_{12}	$X_{11}+X_{12}$	$U_1=\dfrac{X_{11}}{X_{11}+X_{12}}$
	非不透水面	X_{21}	X_{22}	$X_{21}+X_{22}$	$U_2=\dfrac{X_{22}}{X_{21}+X_{22}}$
列合计		$X_{11}+X_{21}$	$X_{12}X_{22}$	N	
制图精度		$P_1=\dfrac{X_{11}}{X_{11}+X_{21}}$	$P_2=\dfrac{X_{22}}{X_{12}+X_{22}}$		

制图精度表示的是正确分类在分类结果中的概率,而用户精度则表示分类结果中任意一个样本的分类与实际情况一致的概率。与制图精度和用户精度相对应的是错分与漏分误差,制图精度与错分误差之和为 1,用户精度与漏分误差之和为 1。总体分类精度[见式(3.3)]是误差矩阵中对角线上的样本数目占总样本的比例,反映的是所有类别的分类结果与实际一致的概率。以上 3 个指标依赖于验证样本的选取,Kappa 系数[见式(3.4)]由样本总数、各真实地类数和各分类数等进行多元计算求得,反映的是真实分类与评价分类结果之间的一致性程度,Kappa 系数越大说明分类结构与真实样本之间的一致性越好,精度也就越高。可根据一致性程度的不同,将 Kappa 系数划分为 6 级,见表 3.4,达到 0.6 以上就说明一致性显著。

$$O=\frac{X_{11}+X_{22}}{N} \tag{3.3}$$

$$K = \frac{N(X_{11}+X_{22}) - [(X_{11}+X_{21})(X_{11}+X_{12}) + (X_{12}+X_{22})(X_{21}+X_{22})]}{N^2 - [(X_{11}+X_{21})(X_{11}+X_{12}) + (X_{12}+X_{22})(X_{21}+X_{22})]} \quad (3.4)$$

式中：O 为总体分类精度；N 为验证样本总个数；X 为各类别样本数（下角标含义对应表 3.3）；K 为 Kappa 系数。

表 3.4　　　　　　　　　　　　Kappa 系 数 评 价 表

Kappa	<0	0~0.20	0.21~0.40	0.41~0.60	0.61~0.80	0.81~1.00
程度	很差	微弱	弱	一般	显著	最佳

3.1.3.2　基于不透水面比例的精度评价

不透水面比例的精度评价是根据 3.1.2 节中选取的 200 个样方，提取各尺度不透水面比例，并线性拟合真实值和提取值，选择相关系数 r、相对误差 E_r 和均方根误差 $RMSE$ 来衡量各尺度的不透水面提取结果精度。

$$r = \frac{\sum_{i=1}^{N}(\hat{I}_i - \bar{I})(I_i - \bar{I})}{\sqrt{\sum_{i=1}^{N}(\hat{I}_i - \bar{\hat{I}})^2}\sqrt{\sum_{i=1}^{N}(I_i - \bar{I})^2}} \quad (3.5)$$

$$E_r = \frac{\bar{\hat{I}} - \bar{I}}{\bar{I}} \quad (3.6)$$

$$RMSE = \sqrt{\frac{\sum_{i=1}^{N}(\hat{I}_i - I_i)^2}{N}} \quad (3.7)$$

式中：$\hat{I}_i$ 为由不透水面提取结果中第 i 个样方的不透水面比例；I_i 为真实地表中第 i 个样方的不透水面比例；$\bar{\hat{I}}$ 为不透水面提取结果的不透水面比例均值；$\bar{I}$ 为真实不透水面比例的均值；N 为样方总数。

3.2　多尺度不透水面提取

3.2.1　特征集构建

本书采用 ENVI5.0 对 5 个尺度影像中的蓝、绿、红、近红外等 4 个波段进行主成分分析，发现前两大主分量占总信息量的 99% 以上，因此选择前两个主分量以 GLCM 方法进行纹理分析，滑动窗口设置为 3×3，二阶概率计算矩阵的 X、Y 变换值均设置为 1，灰度级别设置为 64。分别计算不同空间分辨率影像前两个主分量的 8 个纹理特征（变量及公式见表 3.1），图 3.7 是以 10m 分辨率影像第一主分量生成的 8 个纹理特征结果。经过反复对比试验并结合前人的研究[222,223]，选取包含信息量较为丰富的均值作为特征向量参与后续的多特征随机森林提取。

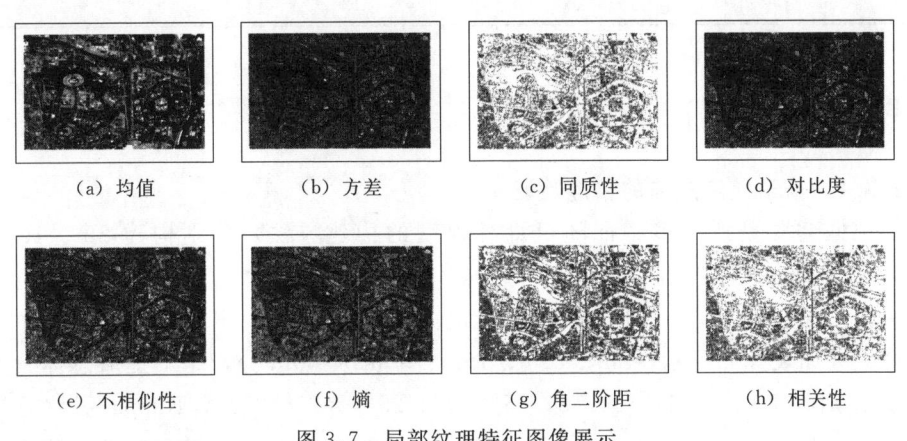

(a) 均值　　　　(b) 方差　　　　(c) 同质性　　　　(d) 对比度

(e) 不相似性　　(f) 熵　　　　(g) 角二阶距　　　(h) 相关性

图 3.7　局部纹理特征图像展示

最终确定本次多特征随机森林不透水面提取算法共取用 8 个特征向量构建特征集，包括：光谱特征：蓝、绿、红、近红外 4 个波段；指数特征：$NDVI$ 和 $NDWI$；纹理特征：前两个主分量的均值纹理特征。

3.2.2　参数确定

随机森林算法的有 5 个参数中 max_depth 和 n_estimators 对算法精度影响较大[73,224]，random_state 参数控制其随机状态从而稳定模型，因此本书将这 3 个参数分别进行循环交叉验证，获取参数大小与精度之间的关系，从而优化算法。交叉验证时，首先将 n_estimators，max_depth 和 random_state 的初始值均设为 10，由于 n_estimators 越大，计算所需要的时间就越大，为了快速高效地锁定 n_estimators 的最优值，循环交叉验证时 n_estimators 的取值范围为 0~500，每间隔 50 循环一次，计算模型的评分，确定最优 n_estimators 的大致位置，再以该位置前后 50 为取值范围，每间隔 1 循环一次，确定最终 n_estimators 取值。随后依次验证 max_depth 和 random_state，取值范围为 0~100，每间隔 1 循环一次，最终确定各尺度不透水面提取的参数值，如表 3.5 所示。

表 3.5　　各尺度不透水面提取参数值

尺度/m	n_estimators	max_depth	random_state
2	40	21	10
10	494	29	16
16	101	16	41
30	256	34	70
50	161	12	10

3.2.3　精度验证

3.2.3.1　基于混淆矩阵的精度验证

根据上文提到的多特征随机森林模型的构建方法，分别构建 2m、10m、16m、30m 及 50m 等五个不同空间分辨率下的特征集，对 2019 年研究区不透水面进行提取，提取结果和局部结果对比见附图 1～附图 6。基于混淆矩阵的精度验证结果如表 3.6 所示，2m、10m、16m、30m 及 50m 分辨率下提取总体分类精度分别为 89%、88.75%、85.25%、82.25% 及 76.25%，Kappa 系数分别 0.78、0.77、0.71、0.64 及 0.52。可以看出，2m 与 10m 分辨率影像不透水面提取效果最好且两者精度相差不大，其余影像分辨率越低，提取精度逐渐降低，不透水面和透水面的混分现象也逐渐增多，尤其在 50m 分辨率时精度显著下降，其他四种尺度下提取结果的总体分类精度均在 80% 以上，Kappa 系数均在 0.6 以上，在研究区内的不透水面识别中一致性效果显著。

表 3.6　　不同空间分辨率提取混淆矩阵

空间分辨率		不透水面	透水面	合　计	用户精度
2m	透水面	23	188	211	89.10%
	不透水面	168	21	189	88.89%
	合计	191	209	400	
	生产者精度	87.96%	89.95%		
	总体分类精度		89.00%	Kappa 系数	0.78
10m	透水面	21	185	206	89.81%
	不透水面	170	24	194	87.63%
	合计	191	209	400	
	生产者精度	89.01%	88.52%		
	总体分类精度		88.75%	Kappa 系数	0.77

续表

空间分辨率		不透水面	透水面	合 计	用户精度
16m	透水面	24	174	198	87.88%
	不透水面	167	35	202	82.67%
	合计	191	209	400	
	生产者精度	87.43%	83.25%		
	总体分类精度		85.25%	Kappa 系数	0.71
30m	透水面	37	175	212	82.55%
	不透水面	154	34	188	81.92%
	合计	191	209	400	
	生产者精度	80.63%	83.73%		
	总体分类精度		82.25%	Kappa 系数	0.64
20m	透水面	46	160	206	77.67%
	不透水面	145	49	194	74.74%
	合计	191	209	400	
	生产者精度	75.92%	76.56%		
	总体分类精度		76.25%	Kappa 系数	0.52

从错分和漏分的角度看（见图3.8），随着影像精度降低，错误分类的数量越多，但各分辨率下错分误差和漏分误差的特征不同，16m分辨率下的错分误差和漏分误差之间相差最大，不透水面的漏分误差为12.57%，错分误差为17.33%，漏分误差小于错分误差。其余5个尺度下错分误差和漏分误差相差不大，误差较为一致，2m分辨率情况下不透水面错分误差为11.11%，漏分误差为12.04%，透水面的错分误差和漏分误差为11%和10.05%，略好于不透水面。10m分辨率情况下，不透水面错分误差和漏分误差分别为12.37%和10.99%，错分误差略大于漏分误差，相反透水面的漏分误差略大于错分误差。30m分辨率下，不透水面漏分误差为19.37%，错分误差为18.08%，漏分误差大于错分误差。50m分辨率下，错误分类总数高达97个，错分误差和漏分误差均超过了20%，不透水面和透水面的漏分误差相似，分别为24.08%和23.44%，错分误差分别为25.25%和22.33%。

从2m、10m、16m、30m及50m等五个不同空间分辨率下的不透水面提取结果上看，当影像分辨率低于30m，总体分类精度和Kappa系数就低于80%和0.6，这表明2～30m空间分辨率可视为基于多光谱遥感影像获取研究区较高精度不透水面结果的一个尺度临界位置，超过30m空间分辨率的多光谱影像对于研究区不透水面识别而言则过于粗糙。

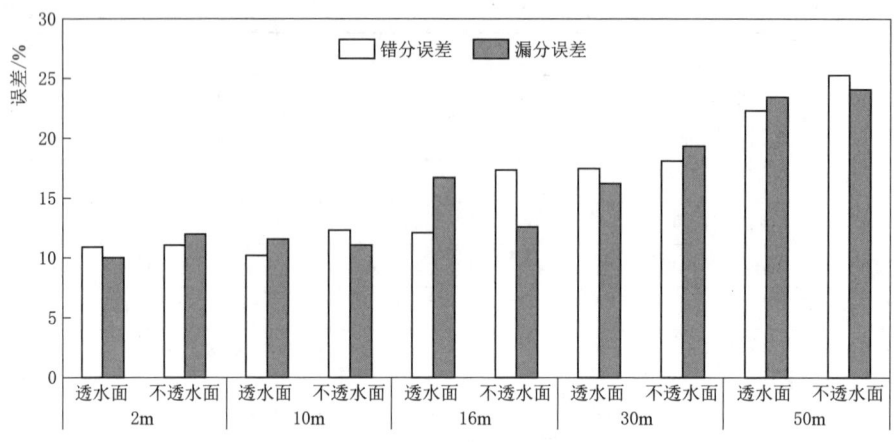

图 3.8　不同空间分辨率不透水面错分误差和漏分误差对比

3.2.3.2　基于不透水面比例的精度验证

从不透水面比例的角度对提取结果进行验证，对 2m、10m、16m、30m、50m 等五个分辨率下的提取结果与真实地表不透水比例进行线性拟合，见图 3.9。可以看出，2m 分辨率提取结果不透水面比例拟合的决定系数 R^2 和斜率分别为 0.94 和 0.90，在高不透水面比例的情况下存在低估。10m 分辨率下的 R^2 为 0.93、斜率为 0.94，10m 分辨率下在高不透水面比例低估的情况较 2m 分辨率有所减轻。16m 分辨率下的 R^2 为 0.91、斜率为 1.06、截距最小（0.0003），说明 16m 分辨率下对于低不透水面比例区域的拟合效果优于高不透水面比例的区域，在高不透水面比例的情况下存在高估情况。30m 分辨率下 R^2 为 0.91，斜率为 1.04，截距为 -0.01。50m 分辨率下的拟合效果最差，R^2 为 0.84，斜率为 1.19，不透水面比例存在低值偏低，高值偏高的情况，离散程度较大。总体来说，除了 50m 分辨率，其他四种分辨率下的不透水面比例反演结果均与实际情况有很好的拟合效果，R^2 在 0.90 以上。

从相对误差 E_r、均方根误差 $RMSE$ 及相关系数 r 三个评价指标来看（见表 3.7），2m 分辨率下的相关性最好，r 为 0.97，随着分辨率降低，相关性也有所下降。10m 分辨率下相对误差 E_r 的绝对值最小（0.46%），其次为 30m 分辨率，其他三种分辨率下，分辨率越低 E_r 的绝对值越大。2m 分辨率不透水面结果的 $RMSE$ 最小（6.84%），说明 2m 分辨率下不透水面比例误差的离散程度最低，50m 分辨率结果的 $RMSE$ 最大（14.76%），说明 50m 分辨率下不透水面比例误差的离散程度最高。整体来看，五种分辨率的不透水面比例提取结果的 r 在 0.92 以上，E_r 在 ±10% 以内，$RMSE$ 均低于 15%，验证精度均在可用范围内。

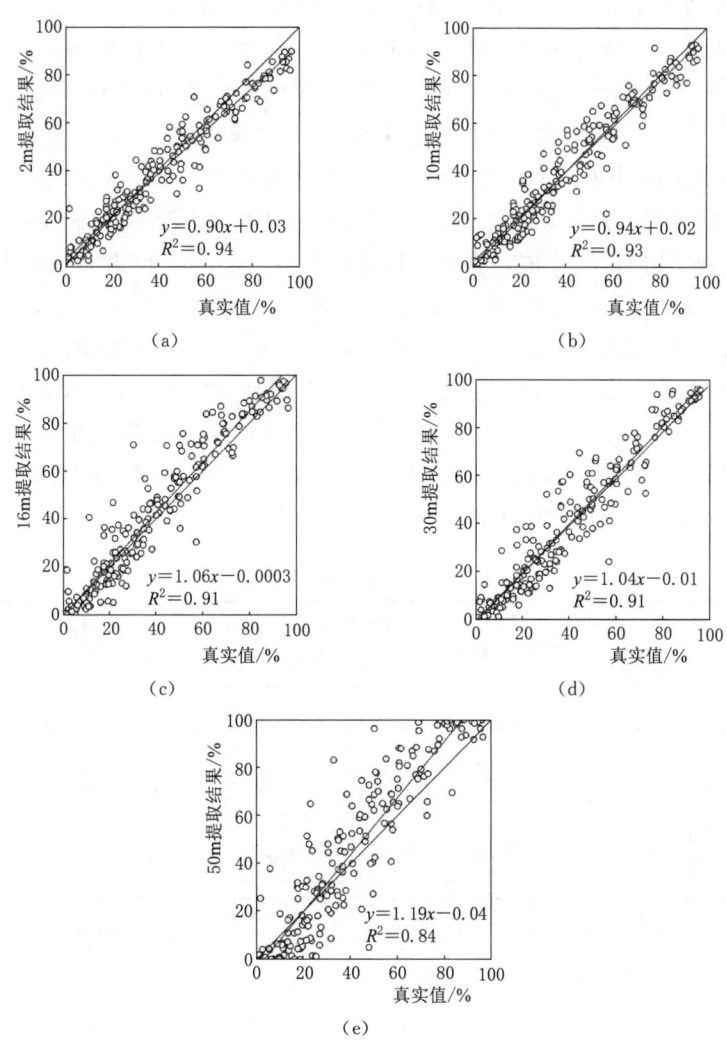

图 3.9 不同空间分辨率不透水面比例与真实地表线性拟合结果

表 3.7　　　　　不同空间分辨率不透水面比例误差评价

指标	2m	10m	16m	30m	50m
r	0.97	0.96	0.95	0.95	0.92
E_r	−3.99%	−0.46%	6.3%	1.74%	9.46%
RMSE	6.84%	7.05%	9.19%	8.63%	14.76%

3.2.3.3　现有产品精度验证

本书收集了 2019 年前后的不透水面或土地覆盖产品共 6 个，产品分辨率和代表年份等情况见表3.8。其中土地覆盖产品GlobeLand30中的人造地表定义为人为建设活动所形成的地表，包含交通设施、居民地（不包括内部连片绿地和水体）、工矿等；Esri_Land_Cover中的建筑面积（Built area）定义为人造建筑，包括公路、铁路和大型均质不透水表面，例如停车场、房屋、道路等；ESA WorldCover中的建筑（Built-up）定义为被建筑、道路和其他人造建筑物（如铁路）覆盖的土地。以上三种产品中均有与本书不透水面定义基本一致的类别，可以用来进行对比评估。因此，将土地覆盖产品CLCD中的不透水面（Impervious）、GlobeLand30中的人造地表、Esri_Land_Cover中的建筑面积（Built area）和ESA WorldCover中的建筑（Built-up）提取出来作为这4个产品的不透水面提取结果，再加上2个不透水面产品（GISA和GAIA）共6个不透水面提取结果同样进行基于混淆矩阵和基于不透水面比例的精度验证，评价这6个全球产品在研究区内的不透水面提取精度，并与本研究采用多特征随机森林算法提取的5个尺度的不透水面结果进行对比分析。

表3.8　　　　　　　　　　　　不透水面或土地覆盖产品

产　品　名　称	分辨率/m	代表年份
ESA WorldCover[86]	10	2020
Esri_Land_Cover[87]	10	2020
GlobeLand30[67]	30	2020
GISA[85]	30	2019
CLCD[84]	30	2019
GAIA[88]	30	2018

由表3.9可以看出，两个10m分辨率产品中，ESA WorldCover的不透水面提取总体分类精度和Kappa系数分别为84.25%和0.68，明显高于Esri_Land_Cover的72.50%和0.46。30m分辨率产品中，GISA的提取精度最好，总体分类精度为83.25%，Kappa系数为0.67，一致性效果显著，能够较好地反映研究区不透水面的分布特征。其他三个产品的总体精度在73.50%~79.50%，Kappa系数在0.47~0.59，不透水面提取精度较差。除了Esri_Land_Cover产品代表的是2020年、GAIA产品代表的是2018年，与2019年真实表有一定出入这个客观原因以外，通过混淆矩阵还可以看出，大量的透水面被错分为了不透水面也是造成产品精度较差的原因。对比Google Earth影像发现，Esri_Land_Cover和GlobeLand30产品不透水面边界不清，在不透水面聚集度高的地方，其周围的透水面识别为不透水面[225]，西南山区矿区开采造成的裸土也被识别为了不透水面，其他产品的情况略好一些。

表 3.9　　　　　　　　　　不透水面产品混淆矩阵

产品		不透水面	透水面	合　计	用户精度
ESA WorldCover	透水面	45	191	236	80.93%
	不透水面	146	18	164	89.02%
	合计	191	209	400	
	生产者精度	76.44%	91.39%		
	总体分类精度		84.25%	Kappa 系数	0.68
Esri_Land_Cover	透水面	4	103	107	96.26%
	不透水面	187	106	293	63.82%
	合计	4	103.8425	400	
	生产者精度	97.91%	49.28%		
	总体分类精度		72.50%	Kappa 系数	0.46
GlobeLand30	透水面	34	144	178	80.90%
	不透水面	157	65	222	70.72%
	合计	191	209	400	
	生产者精度	82.20%	68.90%		
	总体分类精度		75.25%	Kappa 系数	0.51
GISA	透水面	26	168	194	86.60%
	不透水面	165	41	206	80.10%
	合计	191	209	400	
	生产者精度	86.39%	80.38%		
	总体分类精度		83.25%	Kappa 系数	0.67
CLCD	透水面	20	147	167	88.02%
	不透水面	171	62	233	73.39%
	合计	191	209	400	
	生产者精度	89.53%	70.33%		
	总体分类精度		79.50%	Kappa 系数	0.59
GAIA	透水面	30	133	164	81.60%
	不透水面	161	76	237	67.93%
	合计	191	209	400	
	生产者精度	84.29%	63.64%		
	总体分类精度		73.50%	Kappa 系数	0.47

六种产品的不透水面比例与真实情况的线性拟合效果如图 3.10 所示，可以看出 R^2 的范围在 0.66~0.89，除了 ESA WorldCover 以外的其他 5 个产品不透水面比例均出现了明显的高估，尤其是 GlobeLand30 和 Esri_Land_Cover 产品，在实际不透水面比例为 40% 左右时就开始出现 100% 的不透水面比例。从指标上看（见表 3.10）ESA WorldCover、GISA 和 CLCD 产品的相关系数 r 在 0.9 以上，相关性较强，但就 E_r 和 $RMSE$ 而言，只有 ESA WorldCover 的误差在 ±15% 以内，其次是 GISA 产品。其他 4 个产品在研究区内误差较大。不透水面的提取精度并没有因为产品分辨率越高而越好，这跟产品进行地物分类所用的方法、训练样本以及关注的角度都有关系。

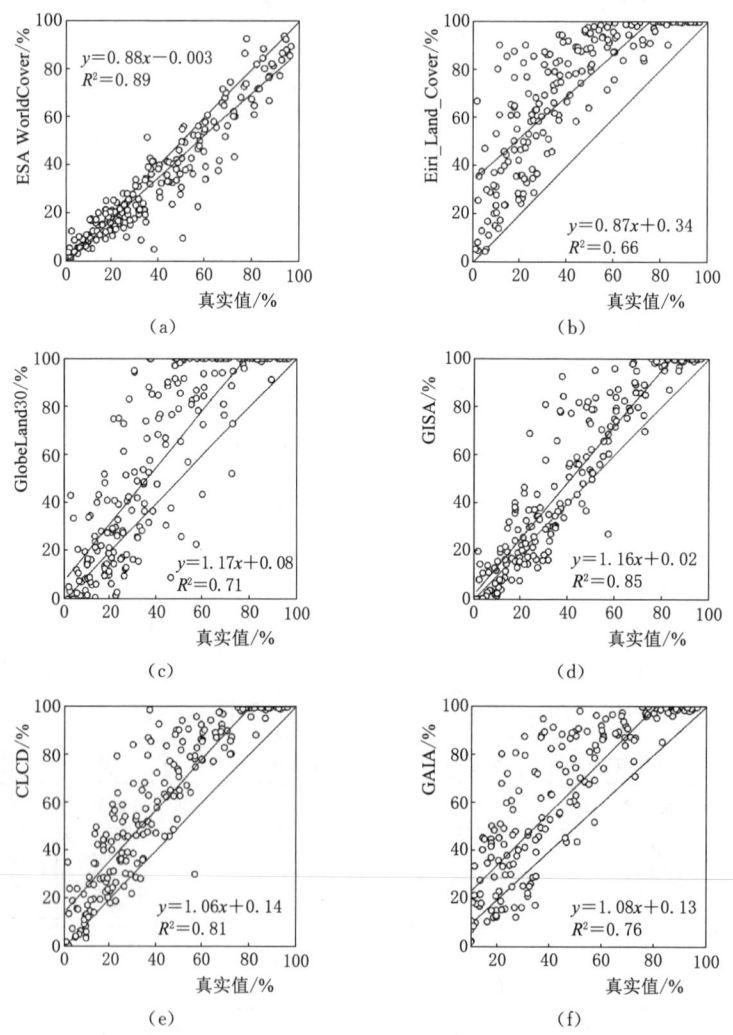

图 3.10 不透水面产品与真实地表线性拟合结果

表 3.10　　　　　　　不透水面产品面积误差评价

指标	ESA WorldCover	Esri_Land_Cover	GlobeLand30	GISA	CLCD	GAIA
r	0.94	0.82	0.84	0.91	0.9	0.87
E_r	−12.82%	71.78%	37.37%	18.74%	41.66%	39.61%
RMSE	10.11%	33.43%	25.3%	16.1%	21.68%	22.66%

对比 10m 分辨率的产品 ESA WorldCover 和 Esri_Land_Cover 与本研究的 10m 不透水面提取结果，不管是从混淆矩阵精度评价还是从不透水面比例角度来看，本研究的提取结果都要优于两个 10m 分辨率的产品。30m 分辨率的产品中只有 GISA 产品的混淆矩阵精度略高于本书 30m 提取结果，综合不透水面比例误差来看，本研究的 30m 结果的误差要小于 GISA 产品，相关性和拟合程度也比 GISA 产品高。总的来说，与当前发布的不透水面产品相比，本书提出的多特征随机森林算法在提取研究区不透水面中表现更好，而产品需要兼顾全球范围的不透水面特征，会损失一些局地精度来满足全球尺度的准确性，更适用于提取大尺度的不透水面。由此也可以看出，选择不透水面产品直接作为不透水面率驱动模型时误差较大，通常会高估真实的不透水率（除 ESA WorldCover 外），而本研究方法可以有效缓解这一问题，提取更准确的不透水面信息。

3.3　研究区不透水面适用性评价

从 3.2 节的精度验证结果中可以发现，不同的不透水面数据在混淆矩阵精度评价和不透水面比例误差评价中的表现有所不同，为了综合判断各不透水面数据在研究区不透水面研究中的适用性，引入了优先级指数 PI（Priority Index）[226-227]，综合总体分类精度、生产者精度、用户精度和不透水面比例误差，定量评估不透水面数据在研究区的优先等级。优先级指数计算公式如下：

$$PI_{n=1}^{11} = \frac{O_n - O_{\min}}{O_{\max} - O_{\min}} + \frac{F_n - F_{\min}}{F_{\max} - F_{\min}} + \frac{E_n - E_{\min}}{E_{\max} - E_{\min}} \tag{3.8}$$

式中：PI 为优先级指数；n 代表 11 个不透水面数据，包括本书提取的 5 个不同尺度的不透水面结果和 6 个不透水面产品；O 为总体分类精度；F 为不透水面生产者精度与用户精度的平均值；E 为不透水面比例误差（E_r）的绝对值。由式（3.8）可以看出，PI 指数的范围在 0~3 之间，指数越高说明不透水面数据在研究区的适用性更好。

根据上节不透水面的评价结果得到，11 个不透水面数据中采用多特征随机森林法提取的 2m 分辨率的不透水面结果的总体分类精度最高，Esri_Land_

Cover 不透水面产品的总体分类精度最差。从不透水面生产者精度与用户精度的平均值 F 值来看，2m 分辨率的不透水面结果精度仍然最高，50m 分辨率的提取精度最差。从不透水面比例误差情况来看，10m 分辨率的不透水面结果误差最小，E 值得分最高，Esri_Land_Cover 不透水面产品误差最大。表 3.11 中展示了 2019 年 11 个不透水面数据优先级指数的详细得分，6 个不透水面产品的优先级指数差异较大，ESA WorldCover 和 GISA 产品的优先级指数位于前两位，均大于 2，而 Esri_Land_Cover、GlobeLand30 和 GAIA 产品的优先级指数小于 1，其中 Esri_Land_Cover 产品的优先级指数最小，在研究区的适用性最差。

表 3.11　　　　　　2019 年不透水面数据优先级指数表

不透水面数据		O	F	E	PI
多特征随机森林算法提取结果	2m	1.00	1.00	0.95	2.95
	10m	0.98	0.99	1.00	2.98
	16m	0.77	0.74	0.92	2.43
	30m	0.59	0.45	0.98	2.03
	50m	0.23	0.00	0.87	1.10
不透水面遥感产品	ESA WorldCover	0.71	0.57	0.83	2.10
	Esri_Land_Cover	0.00	0.42	0.00	0.42
	GlobeLand30	0.17	0.09	0.48	0.74
	GISA	0.65	0.60	0.74	2.00
	CLCD	0.42	0.47	0.42	1.31
	GAIA	0.06	0.06	0.45	0.57

就本书提取的 5 个尺度下的不透水面结果的优先级指数得分来看，优先级指数均在 1 以上，除 2m 分辨率不透水面结果外，分辨率越高优先级指数越大，不透水面数据在研究区的适应性越好，而 2m 分辨率不透水面结果的指数略低于 10m 分辨率结果。2m 分辨率不透水面提取结果的数据源成像时间为 2020 年，相较于 2019 年发生了一些变化，主要体现在主城区的拆建工程，而验证样本是按照 2019 年的谷歌影像确定，这就造成了 2m 影像的提取结果中存在伪错分、漏分误差。若按照影像生产时间的实际情况计算不透水面提取精度，则 2m 分辨率不透水面提取结果的不透水面总体精度为 90.25%，Kappa 系数为 0.8。根据数据源的时间不同，采集相应时间的验证样本，重新计算 11 个不透水面数据的优先级指数（见表 3.12），发现 2m 影像提取结果的优先级指数实际上要好于 10m 影像的。

表 3.12　　考虑不透水面数据时效的优先级指数表

不透水面数据		PI	不透水面数据		PI
多特征随机森林算法提取结果	2m	2.95	不透水面遥感产品	ESA WorldCover	2.00
	10m	2.82		Esri_Land_Cover	0.38
	16m	2.31		GlobeLand30	0.72
	30m	1.94		GISA	1.90
	50m	1.09		CLCD	1.24
				GAIA	0.56

综合11个不透水面数据来看（见表3.12），2m分辨率的优先级指数最高（2.95），说明其在研究区不透水面研究中的适用性最好，其次为10m分辨率（2.82）和16m分辨率（2.31）不透水面提取结果。10m分辨率的ESA WorldCover产品在6个不透水面遥感产品中优先级指数最高，但优先级低于本书提取的16m分辨率不透水面结果。30m分辨率不透水面提取结果的不透水面比例误差方面优势较大，30m分辨率的GISA产品的不透水面的分类精度优势较大，两者的优先级指数差距较小，30m分辨率不透水面提取结果优先级略高于GISA产品。在接下来的不透水面水文效应研究中，应综合考虑影像的时效性、连续性和优先级指数，选取合适的不透水面结果。

3.4　不透水面时空演变分析

为研究1986—2019年间研究区不透水面的变化情况，选取1986年、1995年及2004年表征1980—1989年、1990—1999年和2000—2009年的不透水面情况，2010s郑州市建筑用地拆除和新建工程较多，不透水面变化情况较为复杂，设置2013年和2019年两个代表年份，2013年代表2010——2019年前半段，2019年代表2010—2019年后半段。为保证空间尺度的一致性，不透水面时空演变分析以数据系列较长的Landsat系列卫星数据为数据源，补充提取1986年、1995年、2004年和2013年的研究区不透水面结果，结合上节提取的30m不透水面结果，分析研究区1986—2019年间不透水面的时空演变特征。

采用3.1节中提出的多特征随机森林算法提取1986年、1995年、2004年、2013年四个年份的不透水面。由于不透水面在长时间的城市发展中是不断变化的，需要将训练样本和验证样本根据提取年份的实际情况进行修正，样本的修正同样依据同年的Google Earth影像，在Google Earth影像覆盖不了的年份，以前文评价（3.2.3.3节）得出的现有连续性不透水面产品中精度较高的GISA产品为参照。表3.13展示了各年份不透水面的精度验证结果（2019年已在表

3.6 中展示，此处不再重复），结果表明 1986 年、1995 年、2004 年和 2013 年的提取总体精度达到 89% 以上，Kappa 系数在 0.74 以上，一致性效果显著，满足不透水面变化时空分析的要求。

表 3.13   不同年份提取结果混淆矩阵

年份		不透水面	透水面	合 计	用户精度
1986	透水面	11	357	368	97.01%
	不透水面	27	5	32	84.38%
	合计	38	362	400	
	制图精度	98.62%	98.62%		
	总体分类精度		96%	Kappa 系数	0.75
1995	透水面	12	321	333	96.4%
	不透水面	51	16	67	76.12%
	合计	63	337	400	
	制图精度	80.95%	95.25%		
	总体分类精度		93%	Kappa 系数	0.74
2004	透水面	9	291	300	97%
	不透水面	88	12	100	88%
	合计	97	303	400	
	制图精度	90.72%	96.04%		
	总体分类精度		94.75%	Kappa 系数	0.86
2013	透水面	26	232	258	89.92%
	不透水面	127	15	142	89.44%
	合计	153	247	400	
	制图精度	83.01%	93.93%		
	总体分类精度		89.75%	Kappa 系数	0.78

3.4.1　不透水面面积变化

从表 3.14 中可以看出，流域不透水面在 1986—2019 年间不断扩大。1986 年流域内不透水面积为 159.27km^2，占流域总面积的 7.9%，到 2019 年增加到 716.11km^2，占流域面积的 35.53%，面积增加了约 3.5 倍。为详细分析不透水面的增长特性，表 3.14 进一步统计了流域内各行政区不透水面积的变化情况。中原区、二七区、管城回族区、金水区等四个中心城区为不透水面主要分布地区，中牟县后来居上，不透水面积在 1995 年超过了二七区，在 2019 年超过了中原区，成为流域不透水面第三大区县。

表 3.14 流域内各行政区不透水面面积变化

行政区	1986 年		1995 年		2004 年		2013 年		2019 年	
	面积/km²	比例/%	面积/km²	比例/%	面积/km²	比例/%	面积/km²	比例/%	面积/km²	比例/%
中原区	29.97	14.61	60.51	29.5	68.12	33.21	97.31	47.44	108.61	52.95
二七区	25.83	15.76	37.84	23.09	56.09	34.22	59.42	36.26	71.34	43.53
管城回族区	23.98	11.69	49.7	24.22	72.3	35.24	109.22	53.23	116.91	56.98
金水区	30.38	12.66	65.72	27.39	82.64	34.45	119.35	49.75	135.90	56.64
惠济区	9.26	9.77	16.08	16.95	24.51	25.85	27.93	29.46	41.09	43.33
中牟县	17.72	4.44	46.35	11.6	61.82	15.48	76.94	19.26	114.04	28.55
荥阳市	14.32	3.88	28.75	7.79	31.15	8.44	40.86	11.07	74.76	20.26
新密市	3.43	2.32	3.42	2.31	4.28	2.89	4.33	2.92	8.74	5.90
新郑市	4.37	2.3	5.72	3.01	19.7	10.37	33.59	17.68	44.73	23.55
流域	159.27	7.9	314.08	15.58	420.61	20.87	568.95	28.23	716.11	35.53

由图 3.11 可以看出，新密市在 2013—2019 年之间不透水面积开始大幅增加，新郑市不透水面积在 1995 年后开始出现不透水面的增加。从不透水面占比来看 5 个城区的不透水面比始终最大，1986 年，中原区和二七区两个老城区的不透水面积比最大，分别为 14.61% 和 15.76%，其次为金水区（12.66%），1995 年金水区的不透水面积比增加至 27.39%，取代了二七区（23.09%）成为第二大不透水面积比的区县，中原区的不透水面积比（29.5%）仍然是流域各区县最大，惠济区和中牟县不透水面积比达到了 10% 以上。2004 年中原、二七、管城回族区、金水区等四个中心城区不透水面积比均超过了 30%，惠济区不透水面比为 25%，新郑市不透水面比增长到 10% 以上。管城回族区（35.24%）成为不透水面积比最大的区县，其次为金水区（34.45%）。2013 年管城回族区不透水面过半（53.23%），金水区为 49.75%，也有将近一半的面积为不透水面。荥阳市不透水面积比达到了 10% 以上。到 2019 年，5 个主城区的不透水面比均达到了 40% 以上，流域内新密市不透水面积比仍低于 6%。

为更加明晰研究区不透水面变化特征，本书还计算了不透水面变化速率[228]和变化强度[229] 指标，公式如下：

$$V = \frac{I_b - I_a}{T} \tag{3.9}$$

$$P = \frac{I_b - I_a}{I_a \times T}\% \tag{3.10}$$

式中：I_a 和 I_b 为前（a）后（b）两个年份的不透水面面积；T 为两个年份之间

的时间间隔；V 为不透水面变化速率；P 为不透水面变化强度。

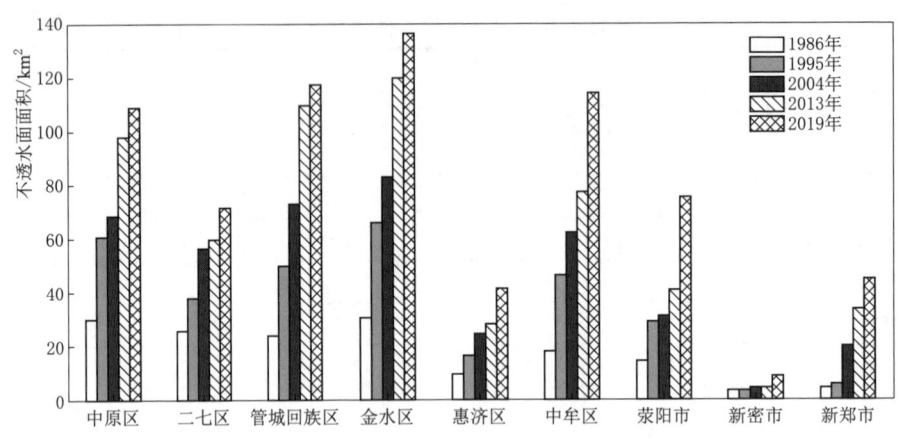

图 3.11　1986—2019 年流域内各区不透水面面积变化

从全流域来看，1986—2019 年，不透水面的变化速率呈先下降后上升的趋势 [见图 3.12（a）]，1986—1995 年不透水面变化速率为 17.2km²/a（见表 3.15），1995—2013 年不透水面增速放缓，变化速率 11.84km²/a，2013 年以后不透水面增速继续加快，变化强度不断回升，2013—2019 年不透水面的变化速率增加到了 24.53km²/a。1986—2019 年，平均每年的不透水面增加量将近 17km²。不透水面的变化强度以 1986—1995 年最大，为 10.8%，1995—2019 年的不透水面变化强度比较稳定，在 4% 左右浮动。

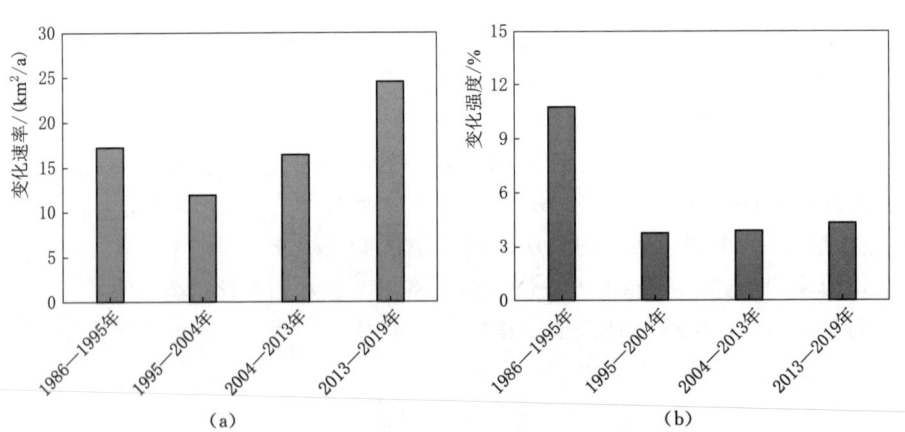

图 3.12　1986—2019 年流域不透水面面积变化速率与变化强度

从各行政区的不透水面变化来看，1985—1995 年中原区、管城回族区、金水区、中牟县和荥阳市为不透水面变化主要贡献地区，变化速率在 3km²/a 左右，变化强度均在10%以上，此时的不透水面变化主要围绕着主城区、荥阳市县城和中牟县县城等三个聚集地为中心向外辐射。1995—2004年，二七区、惠济区、新郑市的不透水面变化速率提升，其中新郑市变化强度陡增，为27.16%，这是因为新郑市的龙湖镇南大学城开始建设，使新郑市的不透水面积以每年1.55 km²/a的速度增长。2004—2013年中原区、管城回族区和金水区的不透水面变化速率和变化强度最大，而2013—2019年这三个区的不透水面逐渐饱和，变化速率和变化强度在全流域范围内偏小。研究区新密市部分在1986—2013年不透水面没有发生太大变化，2013—2019年以平均每年0.74 km²的速度增长，增长强度为16.98%。究其原因，研究区内的新密市所属范围不涉及县城，主要土地利用类型为矿区和耕地，不会产生太大的不透水面变化，而在2013年前后，由于矿产资源越来越少、地面塌陷、环境污染问题日益严重，新密市改变了以往以工业为主的生产模式，开始建设新型的城镇化社区，完善交通道路网以加强与郑州市和新郑市航空港区的联系，因此在2013—2019年不透水面发生了剧烈变化。

表3.15　　　　　　　　流域内各区不透水面面积变化速率及强度

行政区	1986—1995年		1995—2004年		2004—2013年		2013—2019年	
	变化速率/(km²/a)	变化强度/%	变化速率/(km²/a)	变化强度/%	变化速率/(km²/a)	变化强度/%	变化速率/(km²/a)	变化强度/%
中原区	3.39	11.31	0.85	1.4	3.24	4.76	1.88	1.94
二七区	1.33	5.15	2.03	5.36	0.37	0.66	1.99	3.34
管城回族区	2.86	11.93	2.51	5.05	4.1	5.67	1.28	1.17
金水区	3.93	12.94	1.88	2.86	4.08	4.94	2.76	2.31
惠济区	0.76	8.21	0.94	5.83	0.38	1.55	2.19	7.85
中牟县	3.18	17.95	1.72	3.71	1.68	2.72	6.18	8.04
荥阳市	1.6	11.17	0.27	0.93	1.08	3.46	5.65	13.83
新密市	−0.001	−0.03	0.1	2.79	0.01	0.13	0.74	16.98
新郑市	0.15	3.43	1.55	27.16	1.54	7.83	1.86	5.53
流域	17.2	10.8	11.84	3.77	16.48	3.92	24.53	4.31

3.4.2　不透水面空间变化

由图3.13可以看出，1986年不透水面主要为郑州市老城区和荥阳、中牟的两个县城以及流域内散落的村庄，之后流域不透水面以老城区和两个县城为圆心不断向外扩展，并以三点连线为轴向外辐射。为了量化不透水面的空间变化，本书通过运用标准差椭圆法[230]和等扇分析法[231]，对1986年、1995年、

2004年、2013年和2019年等五个代表年份的不透水面分布进行定量分析流域不透水面的空间动态变化特征。标准差椭圆法通过计算椭圆中心坐标、长短轴长度、覆盖面积、长轴与Y轴夹角（方向角）来描述不透水面分布的平均中心（重心）、主要覆盖范围及变化方向。如图3.14所示，可以看出近40年来流域不透水面的重心始终在流域中心的东侧，不同年代在东西方向上有移动的趋势。

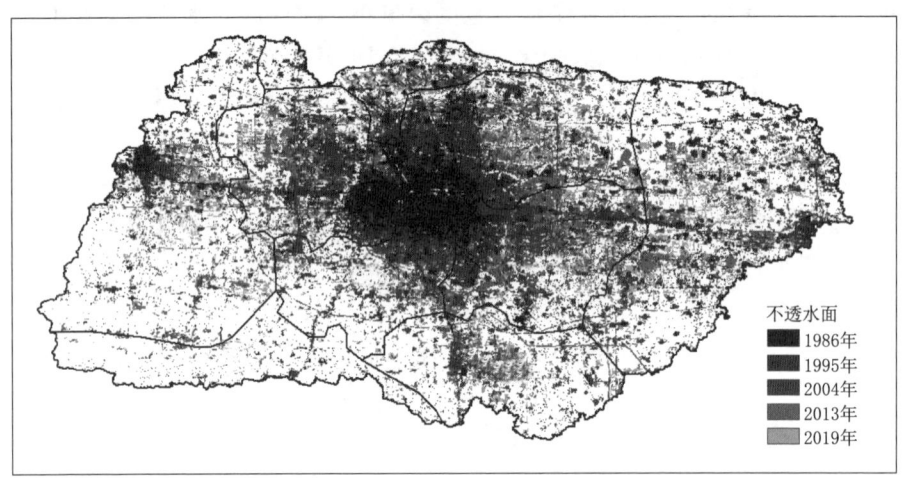

图3.13 1986—2019年流域不透水面分布

图3.14 1986—2019年流域不透水面标准差椭圆图

结合表 3.16 分析，椭圆的长轴代表的是不透水面的分布方向，短轴代表了不透水面分布的聚集度，长轴与短轴长度差异越大说明不透水面分布的方向性越强。1986—2019 年标准椭圆的长短轴比始终大于 1，说明不透水面空间变化趋势具较为显著的方向特征，总体呈东西方向分布趋势。1995 年较 1986 年短轴变短，说明这期间不透水面在聚集性发展，同时长轴增加，长短轴比增加了 0.21，说明不透水面方向性增强，东西轴向发展明显。观察方向的变化，1995 年的方向角变化不大，结合重心移动的方向，1986—1995 年的不透水面主要聚集在西北方向。2004 年长轴和短轴都有所增加，但长短轴比略有减小，说明 1995—2004 年这个阶段，流域不透水面开始分散，方向角较 1995 年增加了 3.41°，说明 1995—2004 年不透水面整体有向南扩张的特征，不透水面重心向东移动，这个阶段除了中原区和金水区这两个老城区之外，二七区和管城回族区不透水面也开始显著增加。到 2013 年长短轴比继续减少至 1.59，短轴增加，不透水面分布的方向性减弱，方向角则持续增加（1.30°），不透水面方向继续向南移动，重心向西偏移。2019 年长短轴减小，长短轴比增加，不透水面方向性增加，方向角减少到 82.65°，方向向北回归，重心向西移动。

表 3.16 流域不透水面标准差椭圆参数变化

年份	短轴/m	长轴/m	长轴/短轴	方向角/(°)
1986	13002.06	22241.85	1.71	83.54
1995	12577.47	24150.17	1.92	83.81
2004	13457.77	24955.94	1.85	87.22
2013	15607.75	24774.25	1.59	88.52
2019	14574.57	24607.68	1.69	82.65

为进一步分析不透水面在不同方位上的变化情况，以 1986 年中心城区的中心为圆心（金水河与京广铁路交点）绘制覆盖全流域的圆形区域，再将圆划分为东和东南、西和西北、南和西南、北和东北等八个方位面积相等的扇形，统计各个年份不透水面在八个方位扇形上的面积，绘制不透水面扩张雷达图，分析 1986—2019 年不透水面在八个方位上的扩张情况。表 3.17 展示了 1986—2019 年流域在八个方位上的不透水面积以及各方位不透水面占比。1986 年面积占比较大的是正东、正西两个方位，正西方位上分布的不透水面面积最大（31.44km²），占比 20.18%，其次为正东方位，不透水面面积为 28.05km²，占比 18.01%，西北方位占比最小（7.97%）。到 1995 年，正东、东北和西北方位占比增加，正东方位跃为不透水面占比最高的方位（24.05%），其次为正西方向，面积占比为 18.65%，最小占比变成了正南方位（6.54%）。2004 年正东方位仍然占主导地位，东南方位不透水面迅速增加，成为第二大占比方位（15.98），最小占比为东北方向

(7.6%)。2013年正东和东南方位排位保持不变,其他方位占比有不同程度的变化。2013—2019年正东方位不透水面积仍然最大,正西方位次之。

表3.17　　　　　　1986—2019年流域八方位不透水面面积表

方位	1986年		1995年		2004年		2013年		2019年	
	面积/km²	比例/%	面积/km²	比例/%	面积/km²	比例/%	面积/km²	比例/%	面积/km²	比例/%
北	15.95	10.24	28.19	9.27	45.33	10.74	48.6	8.58	58.20	8.14
东北	13.46	8.64	31.43	10.34	32.07	7.6	54.38	9.60	68.65	9.60
东	28.05	18.01	73.11	24.05	94.79	22.46	144.62	25.54	180.68	25.27
东南	20.97	13.46	35.92	11.82	67.44	15.98	85.44	15.09	100.53	14.06
南	15.65	10.05	19.87	6.54	43.98	10.42	56.32	9.95	69.03	9.66
西南	17.84	11.45	28.59	9.41	38.77	9.19	43.6	7.7	59.39	8.31
西	31.44	20.18	56.7	18.65	57.72	13.68	83.63	14.77	112.22	15.70
西北	12.42	7.97	30.16	9.92	41.85	9.92	49.66	8.77	66.17	9.26

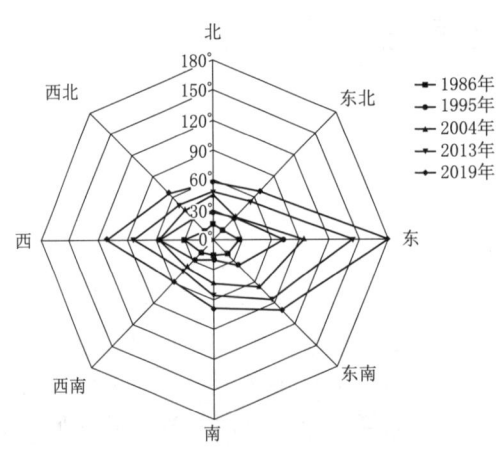

图3.15　1986—2019年流域不透水面扩展雷达图

结合图3.15来看,流域近40年来不透水面不断扩张,1986年流域不透水面各方位分布相对较为均衡,1986—1995年不透水面东西轴向发展明显,1995—2004年由于管城区东南部的经济技术开发区建设,流域不透水面向东南方向扩张,东北部和西部变化不大,而2004—2013年东北方向变化明显,这是金水区东部的郑东新区建设带来的不透水面向东北方向的扩张。2013—2019年,中心城区的城市化建设逐渐饱和,不透水面的增长趋于稳定,郑州城市化向周边县市辐射,郑州市城镇一体化发展使不透水面持续增长。但由于北部受到黄河的制约,扩张程度有限,西南方向多为山区丘陵地带,城市化发展缓慢,不透水面增长也较少。

3.5　本章小结

本章构建了考虑光谱、指数和纹理特征的多特征随机森林不透水面提取算法,提取了研究区2m、10m、16m、30m、50m等5个空间分辨率下不透水面结果,并基于混淆矩阵和不透水面比例误差对提取结果进行了评价,结合现有的 6 个不透水面产品,计算不透水面优先级指数,分析了不透水面数据在研究区的适用性,为下一章的城市—二维水文水动力模型构建所需的不透水面数据选择提供了依据;在对 1986—2019 年各年代不透水面进行提取的基础上,从时间和空间的角度分析了研究区 33 年的不透水面变化趋势。主要结论分为以下几个方面:

(1) 基于多特征随机森林算法提取的 2019 年 2m、10m、16m、30m 及 50m 空间分辨率的不透水面结果中,除了 50m 分辨率外,其他 4 个尺度下的总体分布精度均在 80% 以上,Kappa 系数均在 0.6 以上,在研究区内的不透水面识别中一致性效果显著。不透水面比例 R^2 均在 0.90 以上。5 种分辨率的提取的不透水面比例的 r 在 0.92 以上,Er 在 ±10% 以内,$RMSE$ 均低于 15%,验证精度均在可用范围内。

(2) 对 ESA WorldCover、Esri_Land_Cover、GlobeLand30、GISA、CLCD 和 GAIA 等 6 个全球不透水面产品在研究区内的精度验证表明,仅 ESA WorldCover 产品能够满足总体分布精度在 80% 以上,Kappa 系数在 0.6 以上,r 在 0.90 以上,Er 和 $RMSE$ 在 ±15% 以内。在同等分辨率下,本书提出的多特征随机森林算法在研究区的不透水面提取中的表现更好。全球产品需要兼顾全球范围的不透水面特征,会损失一些局地精度来满足全球尺度的提取精度,更适用于提取大尺度不透水面。采用不透水面产品直接作为不透水面率驱动模型时误差较大,通常会高估真实的不透水率(除 ESA WorldCover 外),而本研究方法可以有效缓解这一问题,提取更准确的不透水面信息。

(3) 综合 11 个不透水面数据来看,2m 分辨率的优先级指数最高(2.95),说明其在研究区不透水面研究中的适用性最好,其次为 10m(2.82)和 16m 分辨率(2.31)不透水面提取结果。10m 的 ESA WorldCover 产品在 6 个不透水面遥感产品中优先级指数最高,但优先级低于本书提取的 16m 分辨率不透水面结果。30m 分辨率不透水面提取结果的不透水面比例误差方面优势较大,30m 的 GISA 产品的不透水面的分类精度优势较大,两者的优先级指数差距较小,30m 分辨率不透水面提取结果优先级略高于 GISA 产品。在接下来的不透水面水文效应研究中应综合考虑影像的时效性、连续性和优先级指数选取合适的不透水面结果。

(4) 以 1986 年、1995 年、2004 年、2013 年和 2019 年为代表年分析了 1986—2019 年研究区不透水面的时空演变规律,发现研究区不透水面从 1986 年的 159.27km² 增加到 2019 年的 716.11km²,面积增加约 3.5 倍。1986 年不透水面主要为郑州市老城区和荥阳、中牟的两个县城以及流域内散落的村庄,之后流域不透水面以老城区和两个县城为圆心不断向外扩展，并以三点连线为轴向外辐射。2019年中心城区的城市化建设逐渐饱和，不透水面的增长趋于稳定，郑州城市化向周边县市辐射，但研究区北部受到黄河的制约，扩张程度有限，西南方向多为山区丘陵地带，城市化发展缓慢，不透水面增长也较少。

第 4 章

城市化流域水文水动力耦合模型

新形势下的城市暴雨洪涝灾害不仅会带来流域性洪水，还会在城区形成严重内涝，这就需要同时关注城市化流域降雨-径流特性变化以及城区内涝水动力演变趋势。水文模型汇流机制明确，计算相对简单，能够描述流域降雨径流过程，但无法提供流域内部的水力要素。水动力模型基于一二维水动力学原理描述管网、河道以及地表积水水流过程，计算精度较高但效率较低，建模一般主要关注的是受内涝影响较大的中心城区，往往缺少完整的水文边界。鉴于此，本章提出了基于 HEC-HMS 水文模型和 IFMS/Urban 模型的一二维水文水动力耦合框架，开发数字流域自动提取模块和面向不透水面变化研究的参数提取模块，构建全流域 HEC-HMS 水文模型，为中心城区的 IFMS/Urban 模型建模提供边界入流，通过松散耦合构建城市化流域水文水动力耦合模型。利用收集到的 7 场暴雨洪水过程，对耦合模型进行参数率定与验证，获得较为可靠的郑州市贾鲁河流域水文水动力耦合模型，实现兼顾流域降雨-径流和城区内涝水动力描述的城市化流域洪涝全过程模拟，且两个模型均设置了独立的不透水面参数，这为下一章不透水面水文效应定量分析奠定模型基础。

4.1 一二维水文水动力耦合框架

本书选取 IFMS/Urban 模型对城区暴雨内涝进行模拟，IFMS/Urban 模型可以将一维管网与二维地表水动力紧密耦合，全方位描述城市内涝的产生与消退过程，是我国首款通用洪水分析软件。但模型的构建存在两个问题：首先中心城区位于贾鲁河流域的中游，模拟范围缺少完整的水文边界，模型驱动需要上游来水过程；其次是模型的参数率定与验证需要实际积水情况与排水出口管网的实测流量[232]，而城市管网观测设施较少，数据难以获取，一般处理方法为将模型构建范围延长至河道水文测站，以测站的水位流量过程作为模型的下边界控制条件[233]。研究区所处贾鲁河水系支流较多但水文站很少，仅在郑州市中心城区外超过 30km 处有一个中牟水文站能够提供水位流量过程，这给中心城区水动力模型的构建带来了阻碍。而 HEC-HMS 水文模型产汇流机制明确，参数需求较少，结构较为简单，计算效率高，适用于缺资料小流域的水文建模。基于 HEC-HMS 水文模型构建全流域水文模型，在高效模拟流域洪水过程的同时，还可以为 IFMS/Urban 模型提供出入境流量，有效地解决前文 IFMS/Urban 模型构建与校验存在的问题。基于此，本书提出了以 HEC-HMS 水文模型和 IFMS/Urban 模型为基础的城市化流域一二维水文水动力耦合模型。

如图 4.1 所示，HEC-HMS 水文模型与 IFMS/Urban 模型采用松散耦合的模式，即以 HEC-HMS 水文模型模拟中牟水文站以上流域透水区和不透水区的填洼、下渗、产汇流和基流过程，以流域出口中牟水文站的实测流量过程率定模型，得到稳定的全流域产汇流特征之后，从模型的水文模拟计算成果中提取中心城区内涝模型上游边界节点的流量过程，作为 IFMS/Urban 模型中城区一维管网模型的河道入流边界，驱动 IFMS/Urban 模型，进行城区一二维水动力模拟。对 IFMS/Urban 模型的率定与验证采用 HEC-HMS 水文模型在内涝模拟

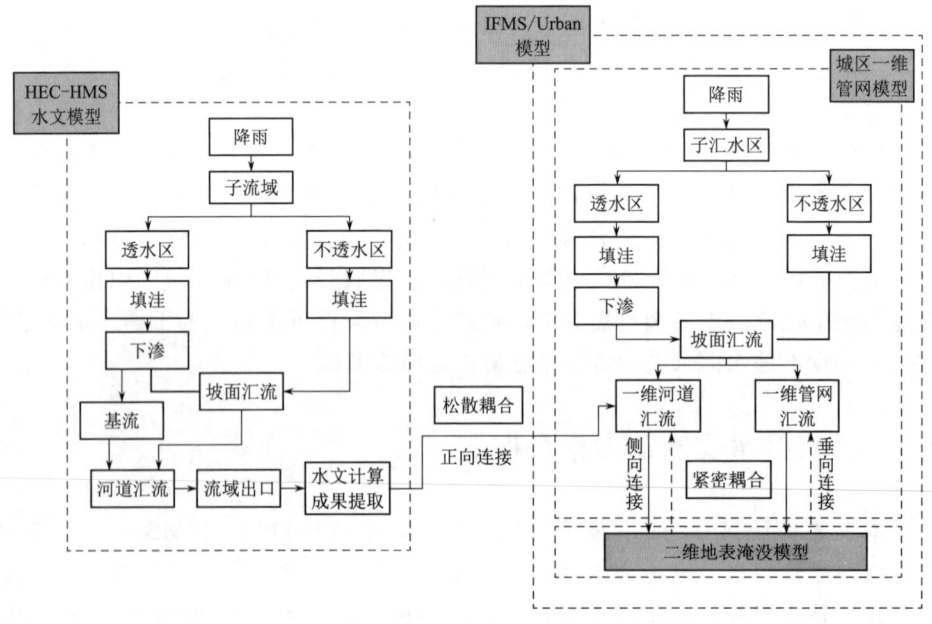

图 4.1 城市化流域水文水动力耦合模型框架

边界上的出入境水量差与 IFMS/Urban 模型模拟出的出入境水量差进行对比来实现。这种方法也可以反向校验 HEC-HMS 水文模型对于中心城区的产汇流机制的模拟能力。采用验证合理的流域一二维水文水动力耦合模型，分别模拟城市小流域暴雨洪水和城市重点区域（中心城区）内涝，定量分析不透水面变化引起的水文效应（如洪峰、洪量及内涝特征）。

4.2 模型构建原理

4.2.1 HEC-HMS 模型原理

HEC-HMS 模型计算主要包括四个部分：产流、汇流、基流、河道洪水演进。各部分均提供了多种计算方法，可以根据流域特征和数据情况灵活组合使用，其计算过程如图 4.2 所示。由于研究区水文资料较少，结合相关研究[234-237]，选择 SCS 曲线数损失法、SCS 单位线模型、基流消退法和 Muskingum 演进模型构建贾鲁河流域 HEC-HMS 模型。

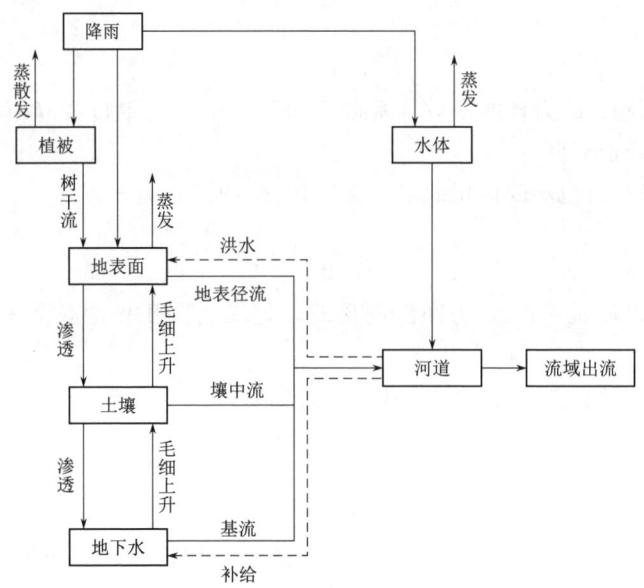

图 4.2　HEC-HMS 模型计算过程概化图

4.2.1.1 产流计算

首先确定净降雨量，所采用的计算公式为

$$P_e = \frac{(P-I_a)^2}{P-I_a+S} \tag{4.1}$$

式中：P 为降雨量，mm；P_e 为累积净雨量，mm；S 为最大截留量，mm；I_a 为起始时间降雨损失，通常取 $0.2S$，mm。

基于国际单位制的最大截留量 S 采用参数曲线数 CN 确定：

$$S = \frac{25400 - 254CN}{CN} \tag{4.2}$$

对于由不同土壤类型组成集水区，采用合成 CN 值代替，合成 CN 值的计算公式如下：

$$CN_{合成} = \frac{\sum A_i CN_i}{\sum A_i} \tag{4.3}$$

式中：$CN_{合成}$ 为合成 CN 值，无量纲；CN_i 为各土壤子分区 i 的 CN 值；i 为土壤子分区的下标，无量纲；A_i 为各土壤子分区面积，m^2。

SCS 曲线数法需要输入的参数主要有初损 I_a、CN 值和不透水率。

4.2.1.2 直接径流计算

SCS 单位线模型核心是一个单峰的无量纲单位线，计算公式如下：

$$U_p = C \frac{A}{T_p} \tag{4.4}$$

式中：A 为面积；C 为转换常数（常取 2.08）；U_p 为单位线峰值流量，m^3/s；T_p 为单位线峰值时间。

峰值时间与单位净降雨历时的关系可用式（4.5）表示：

$$T_p = \frac{\Delta t}{2} + t_{lag} \tag{4.5}$$

式中：t_{lag} 为洪峰延时；Δt 为净降雨历时，定义为降雨中心位置和峰值时间的差值。

t_{lag} 可由经验公式计算得到，计算公式如下：

$$t_{lag} = 0.655 \left(\frac{LL_C}{\overline{S}}\right)^{0.38} \tag{4.6}$$

式中：L 为流经长度，km；$\overline{S}$ 为河道平均坡度，km；L_C 为流域中心到流域出口河道长度，km。

4.2.1.3 基流计算

集水区蓄水量自然排水过程采用基流消退法描述。基流消退法本质为指数衰减模型，采用式（4.7）计算：

$$Q_t = Q_0 k^t \tag{4.7}$$

式中：k 为衰减常数；Q_0 为初始基流量，m^3/s。

4.2.1.4 汇流计算

Muskingum演进模型将河道中的蓄水量模拟成棱柱和楔形蓄水量,使用简化后的连续方程的有限差分近似法:

$$(\frac{I_{t-1}+I_t}{2})-(\frac{Q_{t-1}+Q_t}{2})=(\frac{S_{t-1}+S_t}{\Delta t}) \tag{4.8}$$

式中:I_{t-1} 和 I_t 分别为入流过程值,m^3/s;Q_{t-1} 和 Q_t 分别为出流过程值,m^3/s;S_{t-1} 和 S_t 分别为河段在 $t-1$ 和 t 时刻内的蓄水量,m^3。

4.2.2 IFMS/Urban 模型原理

本书关于郑州市中心城区的暴雨内涝模拟采用的是 IFMS 洪水分析软件（Integrated Flood Modeling System）,该软件由中国水利水电科学研究院主持研发[178,238]。IFMS 软件主要包括一维河网引擎、二维洪水引擎及非结构网格生成等三个模块。IFMS/Urban 模型为 IFMS 软件针对城市洪水内涝模拟所研发。IFMS/Urban 模型的前后处理采用自主研发 GIS 平台实现,集成了 SWMM 管网模型。IFMS/Urban 模型不仅可以模拟降雨径流,还可以模拟城市管网排水系统水流运动。此外,基于 IFMS/Urban 模型构建的一二维水动力模型,可对城市地表洪水的演进过程进行模拟。IFMS/Urban 模型自发布以来,在城市水文水动力模拟、暴雨洪涝和海绵城市设计与评估等方面得到了广泛应用,并取得了较好的成果[183,239-241]。下文对 IFMS/Urban 模型的基本计算模块（地表产流、一维管网汇流计算及二维地表水动力模型）及其原理进行介绍。

4.2.2.1 地表产流计算

IFMS/Urban 模型将每个子汇水区概化为非线性蓄水池。净降雨和上游子汇水区的出流量构成入流项,蒸散发、下渗及流出构成出流项,最大洼地蓄水量代表蓄水池容量。IFMS/Urban 模型地表产流过程包含三种类型:不透水面上有洼蓄时的产流等于降雨量减去洼蓄量和蒸发量;不透水面无洼蓄时的产流量等于降雨量减去蒸发量;透水面上产流量等于降雨量减去洼蓄量、蒸散发量及下渗量之和。这三种类型地表产流量单独计算,整个子汇水区出流量由三个部分出流量之和组成。关于三种类型产流量的计算过程如下。

不透水面上无洼蓄和有洼蓄时的产流量计算公式如下:

$$R_1 = P - E \tag{4.9}$$

$$R_2 = P - E - D \tag{4.10}$$

式中:R_1 和 R_2 分别为不透水面上无洼蓄时和有洼蓄时产流量,mm;P 为降雨量,mm;E 为蒸发量,mm;D 为不透明地表上洼蓄量,mm。

而对于透水地表,计算公式为

$$R_3 = (p - f - e)t \tag{4.11}$$

式中：R_3 为透水地表产流量，mm；p 为降雨速率，mm/h；f 为入渗率，mm/h；e 为蒸发速率，mm/h；t 为时间步长，h。

对于入渗量计算，IFMS/Urban 模型提供了三种计算方法，分别为径流曲线法（Curve Number Method）、格林-安普特（Green-Ampt）法及霍顿（Horton）法。其中，霍顿法反映的是降雨过程中下渗率随时间的关系，霍顿法参数少，一般适用于小流域；格林-安普特法假定土壤层有干湿界面，且充分的降水下渗会使土壤从不饱和变为饱和，格林-安普特法对土壤参数要求较高；径流曲线法表征的是前期土壤含水量和下垫面情况对降水产流的影响，无法描述降水强度影响产流的过程。径流曲线法的入渗计算采用 CN 值（反映流域特征的参数），较为适用于大流域的产流计算。

4.2.2.2 一维管网汇流计算

IFMS/Urban 模型一维管网汇流计算提供了恒定流、运动波及动力波三种方法。其中，恒定流法假定管网流动均为均匀恒定的，该方法较为简单；运动波法虽能模拟水流在管网中的时空变化，但无法考虑管网流动中的有压流动、逆流、水头损失及回流等；动力波法的汇流计算采用的是圣维南方程，该方法虽较为复杂，但准确度最高。动力波法对于管网中的复杂流态，如有压流动、逆流、水头损失及回流等，也能有效模拟。本书采用动力波法进行一维管网汇流计算，该方法对于连接管网或渠道采用动量和连续性方程参数化，对于控制节点采用水量平衡方程参数化。

连接管渠的连续性方程和动量方程分别为

$$\frac{\partial Q}{\partial t} + \frac{\partial A}{\partial t} = 0 \tag{4.12}$$

$$gA\frac{\partial H}{\partial x} + \frac{\partial (Q^2/A)}{\partial x} + \frac{\partial Q}{\partial t} + gAS_f = 0 \tag{4.13}$$

式中：H 为水深，m；t 为时间，s；Q 为流量，m³/s；x 为距离，m；A 为过水断面面积，m²；g 为重力加速度，等于 9.8m/s²；S_f 为摩阻坡度，无量纲。

渠道和管网的节点控制方程及其对应的有限差分式分别为

$$\frac{\partial H}{\partial t} = \frac{\sum Q_t}{A_{sk}} \tag{4.14}$$

$$H_{t+\Delta t} = H_t + \frac{\sum Q_t \Delta t}{A_{sk}} \tag{4.15}$$

式中：Q_t 为节点的流量，m³/s；H 为节点的水头，m；A_{sk} 为节点的自由表面积，m²。

4.2.2.3 二维地表水动力模型

IFMS二维地表水动力模型的浅水方程组采用有限体积法的Godunov算法离散求解,其中采用Roe格式近似解处理Riemann问题,采用特征分级离散底坡源项用以保证模型守恒性,采用隐式离散阻力源项用以提升模型稳定性。二维浅水方程组公式如下:

$$\frac{\partial h}{\partial t} + \frac{\partial hu}{\partial x} + \frac{\partial hv}{\partial y} = 0 \tag{4.16}$$

$$\frac{\partial hu}{\partial t} + \frac{\partial}{\partial x}\left[hu^2 + \frac{1}{2}gh^2\right] + \frac{\partial huv}{\partial y} = S_x \tag{4.17}$$

$$\frac{\partial hu}{\partial t} + \frac{\partial}{\partial y}\left[hv^2 + \frac{1}{2}gh^2\right] + \frac{\partial huv}{\partial x} = S_y \tag{4.18}$$

式中:h 为水深,m;u 和 v 分别为 x 和 y 方向上的流速,m³/s;S_x 和 S_y 分别为 x 和 y 方向上的源项。在数值离散上述三个微分方程时,首先需要确定计算变量在网格中的位置。IFMS模型假定所有变量均位于网格单元的中心[242]。

4.2.3 一二维水文水动力耦合

本书的城市化流域水文水动力耦合模型的耦合涉及以下两个部分(见图4.1):

(1) IFMS/Urban模型自身的一维管网与二维地表模型的耦合,以紧密耦合方式,通过以一维管网节点和二维格网的垂向连接实现动态、实时的一二维模型间水流的双向交换。地表产流后,子汇水区的径流首先流向对应的管网节点,进入一维管网模型,当管网中的水位高于地表时,将发生管网节点溢流,溢出的水量从一维管网模型进入二维地表模型,形成地表淹没水深,当降雨强度降低,管网中的水位下降,管网节点不再漫溢时,地表淹没水量又会回流到一维管网模型中,这种双向紧密耦合能够反映真实的内涝积水产生与消退的全过程。

(2) HEC-HMS水文模型与IFMS/Urban模型的耦合。HEC-HMS模型地表产汇流机制明确,所需参数较少,计算简单,适用于贾鲁河流域这样缺资料地区的水文建模,能够高效地模拟流域暴雨洪水过程。IFMS/Urban模型基于一二维水动力原理描述管网、河道和地表积水的时空状态,但由于求解过程相对烦琐,因此水动力内涝模型一般只关注内涝严重的城区区域。本研究将两者以松散耦合的方式,将通过HEC-HMS模型计算出的河道节点入流与IFMS/Urban模型中概化为管网的河道上游节点进行正向连接,实现降雨-径流过程和城区内涝水动力演变的城市化流域洪涝全过程模拟。

4.3 耦合模型构建

4.3.1 HEC-HMS 模型建立

HEC-HMS 模型是以流域模块、气象模块、控制模块和时间序列模块之间的交互操作实现流域降雨径流过程模拟的，其中流域模块包含了各子流域的物理特性以及流域水系的拓扑关系，为 HEC-HMS 模型的主体部分。模型中子流域的产流、基流、汇流以及河道洪水演进均在流域模块实现，主要包括参数设置及计算方法选择。气象模块为模型提供气象边界条件，根据流域模块中选择的产流计算方法的不同，将降雨、温度、风速、辐射等气象特征分配给各子流域。控制模块用于保存模拟降雨径流过程的时间信息。时间序列模块用于存放气象模块中所用到的站点时间序列资料以及模型率定与验证时需要的流量资料，可通过模型自带的数据库系统（HEC-DSS）导入来实现。

4.3.1.1 建模范围

HEC-HMS 水文模型建模范围为研究区全流域，即贾鲁河中牟水文站以上控制流域，流域面积约为 2015.32km^2，以中牟水文站点的实测流量实现模型的率定与验证。

4.3.1.2 数字流域生成

HEC-HMS 模型提供了基于 GIS 的 HEC-GeoHMS 模块，该模块以 DEM 为基础生成研究区的数字流域，主要步骤包括填洼、计算流向、计算汇流累积量、提取河网、集水区生成。由于每个步骤都需要选择输入文件、设置输出文件，操作较为烦琐，本书开发了 HEC-HMS 模型数字流域自动提取模块，只需提供研究区的 DEM 数据文件即可自动生成研究区数字流域文件，包括水系、子流域以及流域水系的拓扑关系。目前已集成到中国水利水电科学研究院自主研发的基于缺资料流域水文模拟系统平台上，以下为模块说明。

（1）首先打开创建提取 HEC 模型数据任务窗口，窗口信息如下：

任务名称：输入框，用户需要输入任务名称。

输入栅格：地形数据，有两种方式来获取，第一种是用户点击上传文件，在打开的上传文件窗口，上传地形文件（zip 或 rar 格式），第二种是用户点击导入文件，打开选择文件窗口，用户选择系统中已有的地形数据文件。

用户填写完上述信息后，点击下方的"创建任务"按钮，来创建一个提取 HEC 模型数据的任务。任务创建窗口如图 4.3 所示。

（2）提取 HEC 模型数据的过程包含填洼、计算流向、计算累积流量、定义

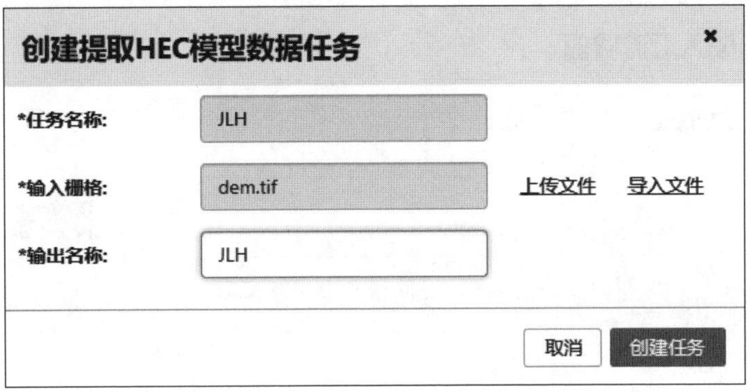

图 4.3 创建提取 HEC 模型数字流域任务窗口

栅格河道、栅格河道分段、定义栅格集水区、处理矢量集水区、处理排水线和伴随集水区 9 个步骤，均由 ArcGIS 提供相应操作的服务接口。Java 按照 1～9 的顺序来依次调用 ArcGIS 的服务接口，进行必要参数传入，ArcGIS 服务执行相应操作，生成相关数据文件，并返回操作结果；Java 接收返回结果，根据返回结果判断任务执行流程的走向，任务执行流程走向有以下三种：

1）当 ArcGIS 服务正在处理还没完成时，继续等待下次返回结果；

2）当 ArcGIS 服务执行完成并成功时，执行下一个步骤并重复步骤 1），直到执行完第 8 个步骤，表示提取任务成功；

3）当 ArcGIS 服务执行失败时，中断执行流程，提取任务失败，返回到页面，并提示用户任务失败，用户可以清楚地看到失败发生在哪一个步骤。

（3）查看任务进度。用户在提取 HEC 模型数据任务列表中，点击某个任务名称，在右侧主窗口上方，展示出该任务的执行步骤（以 1～9 的顺序依次展示步骤名称），并使用不同颜色来区分每个步骤的执行情况：①绿色表示该步骤执行完并成功；②红色表示该步骤执行失败；③灰色表示该步骤还未执行。

如果某一步骤需要用户进行数据交互，在该步骤名称下方，显示操作名称，用户通过点击来达到数据交互的目的。

提取 HEC 模型数据任务执行流程如图 4.4 所示。

当提取任务执行到第 4 步定义栅格河道时，需要用户进行数据交互，用户点击定义栅格河道下方的输入参数，打开输入汇流阈值窗口（见图 4.5），窗口

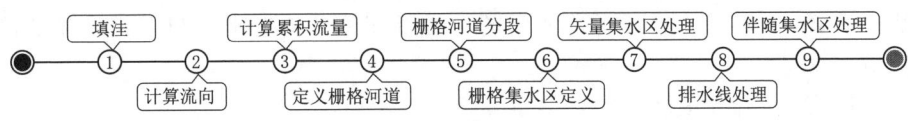

图 4.4 提取 HEC 模型数字流域任务执行流程

图 4.5 提取任务中交互窗口

信息如下：

汇流阈值：输入框，需要用户输入阈值，或者使用系统给出的默认值。

输入完成后，点击"确认"按钮来提交数据，系统获取到阈值后，任务继续执行，直至成功。

（4）查看提取 HEC 模型数据流域提取结果与数据流域文件下载。用户在提取 HEC 模型数据任务列表操作列中，点击查看结果，在右侧主窗口中，展示出该任务的 HEC 模型数据结果。用户在提取 HEC 模型数据任务列表操作列中，点击下载，系统可将提取出的 HEC 模型数据文件在服务器端压缩成 zip 格式文件，并下载。下载完成后，用户在本地打开保存文件目录，解压下载的 zip 文件后即可得到子流域范围文件。

研究区属于平原区流域，地势较为平缓，水系的发育极易受到人类活动的干扰，因此在数字流域自动提取的基础上，根据《全国山洪灾害调查评价基础数据集》进行调整。最终获得研究区的流域水系特征。研究区子流域划分如图 4.6 所示，贾鲁河中牟站以上流域共划分了 27 个子流域，子流域面积范围在 $6.60 \sim 174.67 \text{km}^2$，平均为 74.64km^2。

根据数字流域生成 HEC-HMS 流域结构模型，考虑到水库的调蓄作用，模型中添加了常庄和尖岗两个中型水库。常庄水库控制流域面积为 82.5km^2，包括 W490 子流域；尖岗水库的控制流域面积约为 113km^2，包括 W520 和 W530 子流域。HEC-HMS 模型图如图 4.7 所示。

4.3.1.3 流域模块参数计算

获得 HEC-HMS 流域结构模型之后，流域模块中还需要根据 4.2.1 节对产流、直接径流、基流和汇流中的参数公式进行计算与设置，包括：SCS 曲线数法中的 CN 值、初损值 I_a 和不透水率；SCS 单位线法中的滞时 t_{lag}；马斯京根法中的 K、x；基流衰减指数法中的初始基流值、消退常数和重置基流的流量阈值。

1. CN 值计算模块开发

CN 值与土壤类型、土地覆盖类型、前期影响雨量有关，反映下垫面条件对

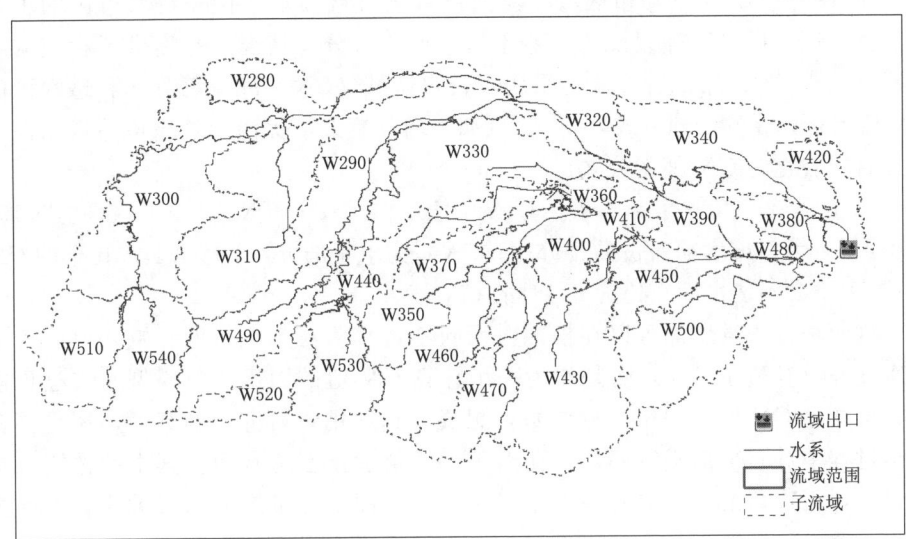

图 4.6 研究区子流域划分

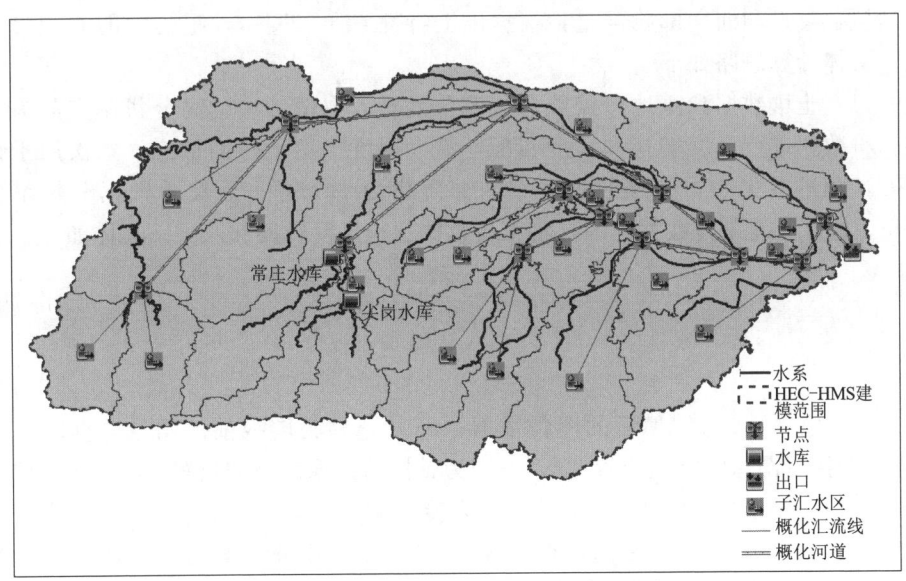

图 4.7 贾鲁河流域 HEC-HMS 模型图

产汇流的影响。目前利用 SCS 曲线数法研究不透水面对地表产汇流影响时，大多在 CN 取值时将不透水率考虑进去。对于包含不透水区的地类，计算 CN 值方法主要分为两种：第一种是根据下垫面特征由美国自然保护局于 1986 发布的小流域城市水文 TR-55 报告（Urban Hydrology for Small Watersheds, Technical Release 55）中的城市区域径流曲线数表直接读取，该表对城市区的工业区、商务区、居民区等假设了一些不透水面积百分比情况，并提供了相应的综合 CN 值[243-245]；第二种方法是采用不透水区域（$CN=98$）百分比和透水区的 CN 值综合计算的处理方式[246-247]。例如美国普渡大学提出的将城市不透水面百分比直接转化为 CN 值的公式：

$$CN_{n\%}=CN_{0\%}+(n\%/100)\times(98-CN_{0\%}) \tag{4.19}$$

式中：$n\%$ 为不透水面所占的百分比；$CN_{n\%}$ 为求得的 $n\%$ 不透水面占比下的 CN 值；$CN_{0\%}$ 为不透水面占比为 0% 时的 CN 值。

这两种方法虽然都可以在模拟时反映不透水面对产汇流的影响，但由于不透水面并没有独立出来，而是作为一个计算 CN 值的因素参与模型水文过程模拟，再加上 CN 值是一个经验参数，想要得到适用于研究区的数值，还需要在模拟过程中对 CN 值进行率定。在修正 CN 值后，不透水面在其中的作用将更难量化，无法真正意义上实现定量研究不透水面变化带来的水文效应。因此本书将不透水面率作为一个独立的参数，由遥感影像提取结果来确定，而在计算 CN 值时仅考虑透水面的部分。透水面的 CN 值在计算时同样要兼顾土壤类型、土地覆盖类型和前期影响雨量，根据以上特性参照 TR-55 报告中的 CN 表求得。具体计算思路如下。

（1）土壤数据和土地覆盖数据规范化处理。取两者中的高分辨率产品为基准，将数据进行尺度转换和尺度匹配，最大限度保留下垫面信息。本次用于计算 CN 值的数据中，土壤数据的空间分辨率为 1km，土地覆盖数据分辨率为 30m，故以土地覆盖数据为准，将土壤数据进行尺度转换和匹配。具体如下：

$$v'(x_r,y_r)=\sum_{i=1}^{n}\varepsilon_i v(x_i,y_i) \tag{4.20}$$

$$n=\left\lceil\frac{c'}{c}\right\rceil \tag{4.21}$$

式中：$v'(x_r,y_r)$ 为转换后的图像数据；$v(x_i,y_i)$ 为转换前的图像数据；(x_r,y_r) 为转换后图像的空间位置；(x_i,y_i) 为转换前图像的空间位置；c' 为转换后的像元大小；c 为转换前的像元大小；ε_i 为转换前的像元位置 (x_i,y_i) 和转换后的像元位置 (x_r,y_r) 之间的距离权重系数；n 为当转换后的图像像元大小大于转换前的像元时，转换后的图像像元包含的转换前的图像像元个数。

（2）定义流域内土壤类型的土壤水文分组，结合土地覆盖数据生成流域初始 CN 值。根据表 4.1 创建索引，为土壤类型（见图 2.3）赋予相应的水文分组（其中的城镇和水域赋为 E，CN 值取 98）。再根据 TR-55 建立土壤水文分组与土地覆盖类型（见图 4.8）的属性连接，生成全流域空间分布的初始 CN 值图像。

表 4.1　　　　　　　　　　土 壤 水 文 分 组

类别	土 壤 类 型	最小下渗率/(mm/h)
A	砂壤土、壤砂土、砂土	>7.26
B	粉壤土、壤土	3.81~7.26
C	砂质黏壤土	1.27~3.81
D	黏土、黏壤土、砂黏土、粉黏壤土、粉砂黏土	0.00~1.27

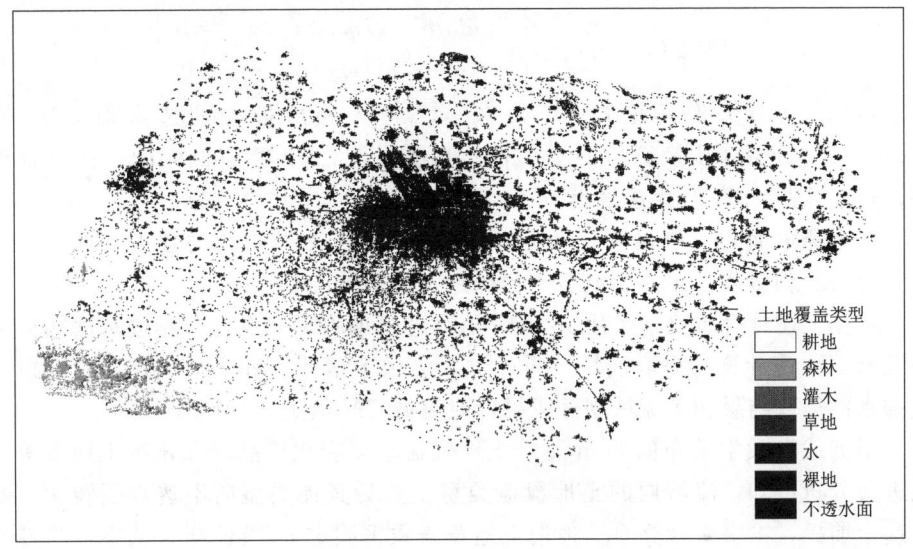

图 4.8　研究区 1986 年土地覆盖类型

（3）根据土壤前期湿度对初始 CN 值进行换算。初始 CN 值是在前期影响雨量等级（AMC）为 AMCⅡ条件下的取值，如表 4.2 所示，若在生长季节，模拟的洪水场次前 5d 总雨量小于 35.56mm（AMCⅠ）或者大于 53.34mm（AMCⅢ），则需要对初始 CN 值进行换算，换算公式见式（4.22）和式（4.23）。

表 4.2　　　　　　　　　前期影响雨量等级划分

前期影响雨量等级	前 5d 总雨量/mm	
	休眠季节	生长季节
AMCⅠ	<12.7	<35.56
AMCⅡ	12.7~27.94	35.56~53.34
AMCⅢ	>27.94	>53.34

$$CN_{\text{I}} = \frac{4.2 CN_{\text{II}}}{10 - 0.058 CN_{\text{II}}} \qquad (4.22)$$

$$CN_{\mathrm{III}} = \frac{23CN_{\mathrm{II}}}{10 - 0.13CN_{\mathrm{II}}} \tag{4.23}$$

式中：CN_{I}、CN_{II} 和 CN_{III} 分别对应 AMC Ⅰ、AMC Ⅱ 和 AMC Ⅲ 条件下的 CN 值。

（4）剔除不透水面，生成各子流域透水面的 CN 值。要求透水面的 CN 值还需要将流域内的不透水面剔除，将上一步换算后的 CN 值图像与 3.2 节提取出的不透水面结果进行空间分析，具体如下：

$$CN_{per}(x_i, y_i) = \begin{cases} nodata, & Imp(x_i, y_i) = 1 \\ CN(x_i, y_i), & Imp(x_i, y_i) = 0 \end{cases} \tag{4.24}$$

式中：(x_i, y_i) 为像元位置；$CN_{per}(x_i, y_i)$ 为相应像元的透水面 CN 值；$CN(x_i, y_i)$ 为第 3 步换算后的 CN 值；$Imp(x_i, y_i)$ 为相应像元的不透水面结果；1 为不透水面；0 为透水面。

得到透水面 CN 值图像后，还需要根据 4.3.1.2 节生成的各子流域范围进行综合 CN 值计算，最终得到各子流域透水面部分的 CN 值。

根据上述计算思路，采用 Python 语言进行编程，开发针对不透水面研究的子流域 CN 值计算与提取模块，通过输入流域土壤数据和土地利用数据，以及不透水面提取结果和子流域划分成果，对流域 CN 值进行计算。

根据武汉大学发布的 30m 逐年土地覆盖动态变化产品对郑州市土地覆盖变化进行分析可知，流域内的土地覆盖类型主要为其他类型向不透水面转化。基于这个前提，本书将计算 CN 值的土地覆盖数据固定为 1986 年，从中剔除各年份的不透水面提取结果，得到相应年份透水面 CN 值，进一步保证在城市化情境模拟中，只有不透水面在逐步扩大而导致的水文效应。

以 2019 年为例，从 1986 年土地覆盖条件下的 CN 值栅格数据（CN_{1986}）中剔除 2019 年的不透水面，即将 2019 年不透水面所处栅格位置的 CN 值设置为 nodata，得到 2019 年透水面上的 CN 值图像（$CN_{1986-2019}$），再根据 $CN_{1986-2019}$ 计算各子流域的平均 CN 值，最终得到 2019 年各子流域透水面 CN 值。表 4.3 为贾鲁河流域 27 个子流域在 CN_{II} 等级下 2019 年透水面的 CN 值，范围在 64.52～89.01 之间，均值为 77.42。其中位于城区中心的 W350、W370 和 W440 子流域 CN 值偏高，均在 83 以上，而位于西南丘陵地带的 W510 和 W540 子流域因为植被条件好，CN 值均在 70 以下。

表 4.3　　　　　　　　2019 年各子流域透水面 CN 值

子流域	CN 值	子流域	CN 值
W280	75.64	W420	77.76
W290	76.87	W430	79.32

续表

子流域	CN 值	子流域	CN 值
W300	77.19	W440	83.61
W310	77.15	W450	80.89
W320	74.89	W460	78.23
W330	81.01	W470	78.82
W340	79.59	W480	78.71
W350	84.37	W490	71.01
W360	80.20	W500	79.20
W370	89.01	W510	66.02
W380	80.21	W520	70.26
W390	74.24	W530	74.4
W400	82.07	W540	64.52
W410	75.26		

2. 不透水率参数计算

模型构建时，不透水率参考 3.3 节研究区不透水面优先级指数评价结果，选择模拟年份优先级指数最高的不透水面结果来进行计算。以 2019 年为例，应优先选择 10m 分辨率不透水面提取结果计算不透水率，各子流域中的 2019 年不透水率见表 4.4。

表 4.4　　　　　　　　　　**2019 年各子流域不透水率**

子流域	不透水率/%	子流域	不透水率/%
W280	27.42	W420	19.43
W290	52.62	W430	27.7
W300	26.66	W440	35.2
W310	36.09	W450	54.19
W320	29.69	W460	41.85
W330	62.37	W470	43.8
W340	16.53	W480	14.53
W350	59.53	W490	20.91
W360	47.55	W500	33.42
W370	79.45	W510	6.08
W380	30.93	W520	9.84
W390	40.66	W530	15.65

续表

子流域	不透水率/%	子流域	不透水率/%
W400	72.44	W540	8.81
W410	28.89		

3. 其他参数计算

其他参数根据 4.2.1 节中提供的公式进行计算，得到各子流域的滞时在 47~157min；汇流计算的参数 K 在 $0.36 \sim 12.29 \mathrm{h}$，$x$ 选取 0.25 为初始参数；基流参数要依据不同年份的基流特征来确定。

4.3.1.4 气象模块构建

本书关注的是城市暴雨洪涝事件，降雨历时通常较短，模拟时往往忽略流域的蒸发损失，气象模块主要为雨量站的分配设置。采用泰森多边形法，各子流域分配雨量站的权重分配法采用泰森多边形。流域内 31 个站点泰森多边形划分结果如图 4.9 所示。

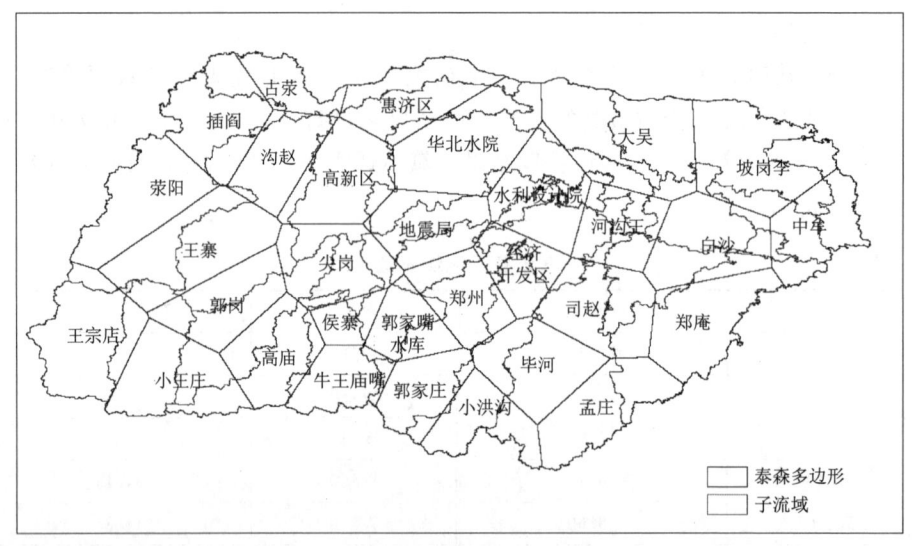

图 4.9 研究区子流域雨量站分配示意图

4.3.1.5 控制模块、时间序列模块设置

根据收集到的暴雨资料，选取不同洪峰流量等级的 7 场暴雨洪水过程进行模拟，如表 4.5 所示，7 场暴雨洪水中牟水文站的实测洪峰流量在 72.2~245m³/s。控制模块以表中所示时间设置。利用 HEC-DSS 数据库系统对 7 场暴雨洪水中各站点的降雨过程与中牟水文站的实测流量过程进行插值，得到逐时

的降雨流量数据后导入时间序列模块。

表 4.5　　　　　　　　　暴 雨 洪 水 场 次

场　次	时间（年-月-日 时：分）	洪峰流量/(m³/s)
20100720	2010-07-18 05：00—2010-07-23 05：00	92.6
20110914	2011-09-10 00：00—2011-09-19 00：00	110.0
20120821	2012-08-19 00：00—2012-08-23 00：00	76.2
20150626	2015-06-23 12：00—2015-06-29 12：00	85.7
20170819	2017-08-17 21：00—2017-08-22 02：00	72.2
20190802	2019-08-01 00：00—2019-08-03 15：00	245.0
20200807	2020-08-04 17：00—2020-08-09 17：00	215.0

4.3.2　IFMS/Urban 模型建立

4.3.2.1　模拟范围

IFMS/Urban 模型的模拟范围为郑州市中心城区，一维管网模型包含中心城区的排水管网以及金水河、贾鲁河、魏河、老魏河、熊耳河、十八里河、十七里河、七里河、东风渠和潮河等 10 条河道。二维水动力模型以贾鲁河、南水北调工程与四环合围范围模拟中心城区的地表淹没过程，建模面积约为 374.55km²，如图 4.10 所示。

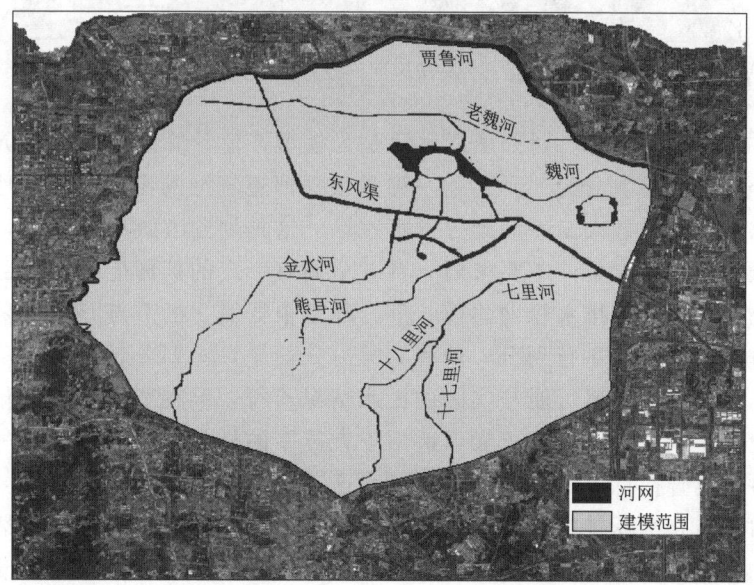

图 4.10　IFMS/Urban 二维水动力模型建模范围

4.3.2.2 一维管网模型构建

(1) 管网节点概化。模型以一维管网来描述模拟范围内的河网水系与排水管网，将河道概化为不规则形状的管道[248]，包括中心城区范围内的10条河道，共790个河道断面。概化主干管2781条，平均管道长约167m，如图4.11所示。加上概化的河道数量，模拟范围内共有3572条管道，3582个节点，其中有三个节点为排放口，分别分布在贾鲁河、魏河和东风渠出口处。

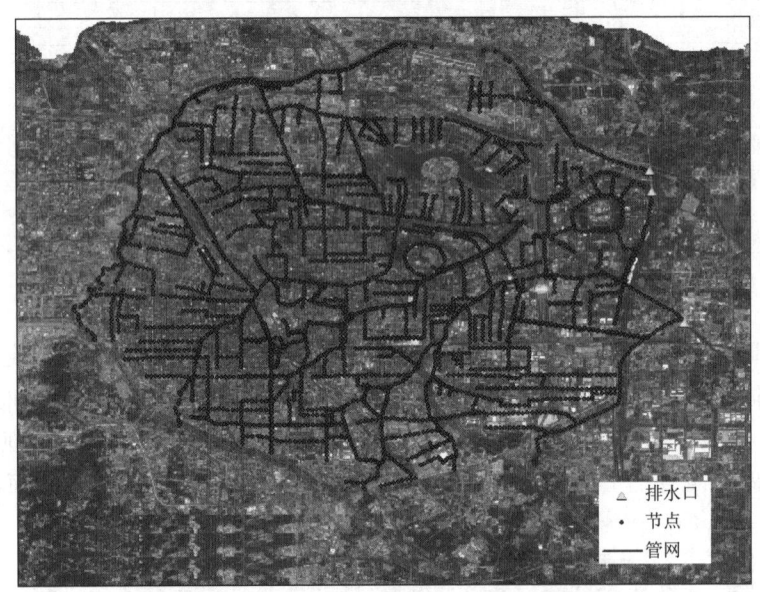

图4.11 中心城区河网及排水管网概化

(2) 子汇水区划分。划分子汇水区是为模型产流计算划分计算单元，子汇水区划分的方式一般分为三种：第一种是根据河道管网的走向、地形地势、建筑与道路情况，进行人工手动划分子汇水区，这种划分方式准确性高，但需要的资料众多，难以收集，还要求划分者对全局有一定的把握能力，更适合小范围、地物较为规整的排水管网建模；第二种是根据概化的节点分布，采用泰森多边形方法对研究区进行划分，这种划分方式简单，对划分者的要求不高，虽然细节上部分子汇水区可能与实际的汇水情况不符，但在节点管网概化较为细密的情况下，划分结果较为可靠，适用于大范围的排水管网构建；第三种方法是前两种的结合，首先根据节点对子汇水区进行划分，然后结合研究区的实际情况，对不符合实际排水规则的子汇水区进行修正。本书建模范围包括郑州市的整个中心主城区，使用第一种方式可操作难度较大，为了得到较为准确的子汇水分区，选择了第三种划分方式。划分结果如图4.12所示。

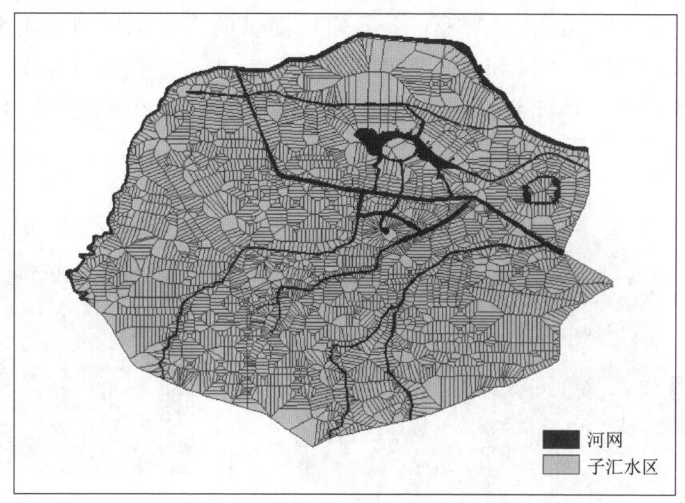

图 4.12 子汇水区划分

4.3.2.3 二维地表水动力模型构建

二维地表水动力模型的构建工作主要为网格单元的剖分和面积系数的计算，本书的二维模型主要模拟一维管网节点溢流漫流过程，不再重复考虑降雨，因此不涉及产流相关参数。

(1) 网格剖分。以贾鲁河、南水北调工程与四环合围范围为网格剖分边界，首先根据范围内的河道水系和路网将研究区进行分区，为了能够更精细地模拟城市洪涝的漫流过程，对中心城区的主干道的剖分进行了加密处理，即道路边界按照 50m 的长度离散，道路两侧设置 120m 的缓冲区，缓冲区线段按照 100m 的长度离散，其余地段按照 150m 的长度离散，剖分分区如图 4.13 所示。

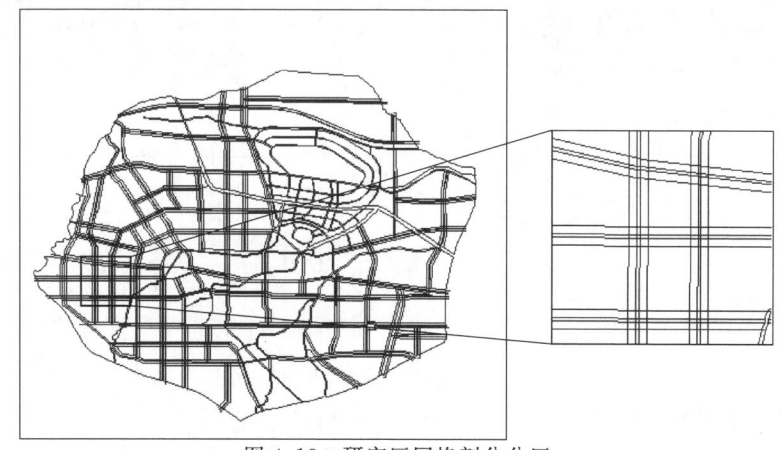

图 4.13 研究区网格剖分分区

根据分区结果，运用 IFMS/Urban 模型提供的 Mesh2D 网格剖分工具进行剖分，剖分结果如图 4.14 所示，网格以四边形为主，三角形网格为辅，共剖分 99620 个网格单元，单元面积在 392~15672m²，平均单元面积约为 3759m²。

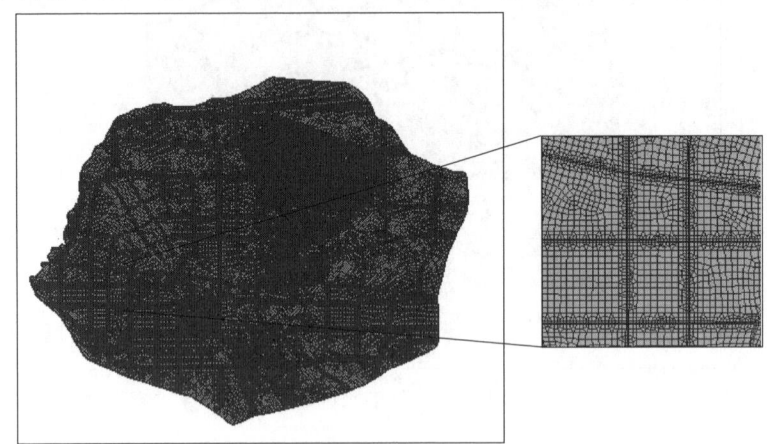

图 4.14 研究区二维格网剖分结果

（2）面积系数。面积系数指的是网格单元内建筑面积的占比，面积系数的设置用来排除建筑物对地表漫流的影响。当设置面积系数之后，网格内的淹没水深计算将会自动扣除建筑面积。本书通过整理研究区的建筑物矢量数据，计算网格内建筑面积的占比，建筑物分布局部示意图如图 4.15 所示。

图 4.15 建筑物分布局部示意图

4.3.2.4 模型参数设置

一二维模型构建完成后，还需要对其中的参数进行计算，包括可测量的参数：一维管网模型中的子汇水区不透水率、坡度、宽度、面积，管网长度、形状与管径，节点的高程与深度，以及二维地表水动力模型中网格高程、面积及初始水位等。其中子汇水区的坡度根据DEM数字高程数据生成（见图4.16），不透水率同样根据3.3节的研究区不透水面优先级指数评价结果，选择优先级指数最高的不透水面提取结果计算。参数计算结果节选见表4.6～表4.9。

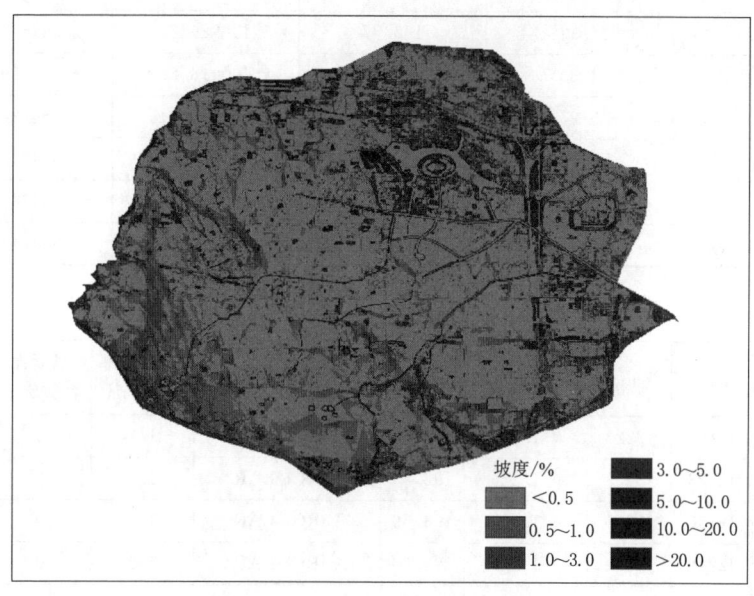

图4.16 中心城区坡度计算结果

表4.6 部分子汇水区参数

对象名称	雨量计	出水口	面积/m²	宽度/m	坡度/%	不渗透性/%
S1	郑州	J1346	116.70	1080.29	3.93	48.28
S2	水利设计院	J1892	37.21	610.00	1.04	67.50
S3	华北水院	R449	103.87	1019.15	0.72	30.14
S4	华北水院	J395	8.66	294.31	3.44	77.24
S5	华北水院	J1282	38.08	617.10	0.51	71.11
S6	水利设计院	J2129	88.87	942.71	2.60	16.76
S7	大吴	R694	10.51	324.21	1.15	62.18
S8	水利设计院	J2563	13.33	365.16	1.79	70.11
S9	地震局	J951	18.12	425.67	0.36	87.22
S10	地震局	J362	7.57	275.17	6.79	64.61

表4.7 部分节点参数

对象名称	最大深度/m	底高程/m	X坐标	Y坐标
R1	5.92	106.27	459811.38	3847174.75
R2	5.17	106.32	459843.00	3847077.25
R3	6.17	106.22	459858.44	3847273.00
R4	4.33	106.37	459962.13	3846905.50
R5	4.33	106.37	459976.25	3846746.25
R6	4.33	106.37	460018.88	3846591.00
R7	5.93	106.16	460060.31	3847260.50
R8	4.41	106.37	460061.88	3846422.00
R9	5.69	106.11	460189.66	3847404.00
R10	5.45	106.06	460310.72	3847513.25

表4.8 部分管道参数

对象名称	起始点	终止点	最大深度/m	长度/m	横断面类型	横断面参数1/m	横断面参数2/m	筒数目
G0_0	J2199	J2223	1.2	193.63	CIRCULAR	1.2	0	2
G0_1	J2223	J2258	1.2	193.63	CIRCULAR	1.2	0	2
G0_2	J2258	J2270	1.2	193.66	CIRCULAR	1.2	0	2
G0_3	J2270	J2309	1.2	193.63	CIRCULAR	1.2	0	2
G0_4	J2309	J2344	1.2	193.63	CIRCULAR	1.2	0	2
G0_5	J2344	J2378	1.2	193.63	CIRCULAR	1.2	0	2
G0_6	J2378	J2414	1.2	193.63	CIRCULAR	1.2	0	2
G0_7	J2414	J2452	1.2	193.66	CIRCULAR	1.2	0	2
G0_8	J2452	J2484	1.2	193.63	CIRCULAR	1.2	0	2
G0_9	J2484	J2505	1.2	123.14	CIRCULAR	1.2	0	2
G0_10	J2505	J2513	1.2	123.14	CIRCULAR	1.2	0	2
G1_11	J2513	J2520	1.8	102.20	RECT_CLOSED	1.8	2.2	2

表4.9 部分网格单元参数

对象名称	高程/m	面积系数	面积/m²	初始水位/m
0	87.824	1	6460.063	87.824
1	87.585	1	7113.484	87.585
2	90.332	1	7675.094	90.332
3	90.716	1	5250.984	90.716

续表

对象名称	高程/m	面积系数	面积/m²	初始水位/m
4	87.840	1	6610.258	87.840
5	89.928	1	9076.750	89.928
6	90.493	1	7820.516	90.493
7	87.556	1	6819.719	87.556
8	88.732	1	7790.563	88.732
9	87.410	1	9751.281	87.410
10	87.094	1	8545.766	87.094

模型中除了以上较为客观，能够计算或测量得到的参数以外，还包括糙率和与产流相关的衰减系数、排干时间、最大最小下渗率等参数，需要参考取值范围并结合经验取值。本书根据表4.10进行一维管网和格网的糙率取值，产流参数按照表4.11设置初始值，经模型率定与验证之后确定最终参数取值。

表4.10　　　　　　糙率取值表

类型	详细分类	取值范围
地表	草地	0.15~0.4
	耕地	0.06~0.17
	林地	0.4~0.8
	建筑	0.1
	街道	0.011~0.012
渠道	砖砌	0.013~0.017
	混凝土管道	0.011~0.015
	塑料管道	0.011~0.015
明渠	天然渠道	0.03~0.1
	砖砌内衬	0.012~0.018
	混凝土内衬	0.011~0.02
	疏浚河道	0.02~0.14

表4.11　　　　　　产流相关参数初始值

参数	取值	参数	取值
渗透性粗糙系数	0.2	最大渗透速率/(mm/h)	100
不渗透性粗糙系数	0.014	最小渗透速率/(mm/h)	10
渗透性洼地蓄水/m	5	衰减常数	5
不渗透性洼地蓄水/m	2.5		

模型驱动参数设置完成后，还要进行控制参数设置。IFMS/Urban 模型计算和输出的起止时间设置与 HEC-HMS 模型的起止时间一致（见表 4.5），计算时间步长设置为 2s，输出时间步长设置为 600s，干湿阈值设为 0.001m，产流计算选择霍顿法，一维管网汇流模型采用动力波。

4.3.3 模型耦合设置

HEC-HMS 模型和 IFMS/Urban 模型的一维管网模型和二维地表水动力模型构建完成后，需要对模型进行耦合设置。前文提到建立城市化流域水文水动力耦合模型包含两个部分的耦合，其中 IFMS/Urban 模型自身可以实现一维管网模型和二维地表水动力模型的耦合。耦合时，通过创建二维管网耦合要素，选择对应的一维管网和二维地表进行耦合，IFMS/Urban 模型中二维管网耦合设置如图 4.17 所示。

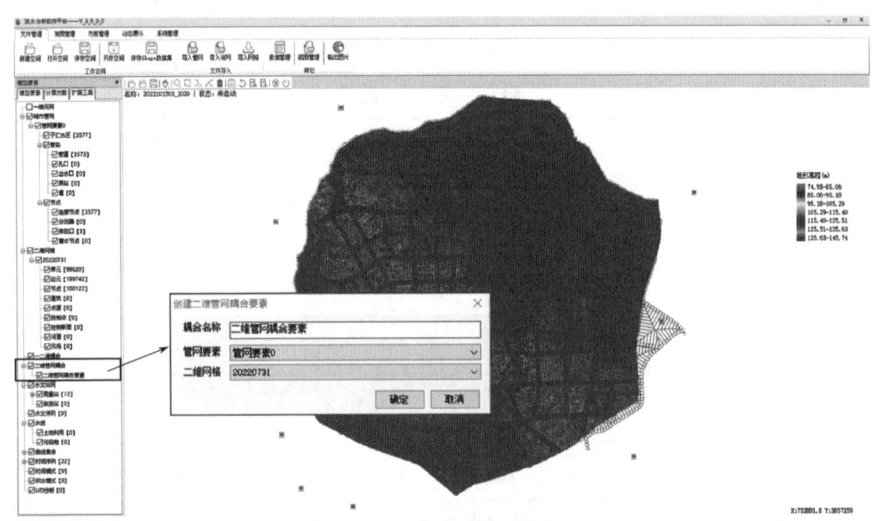

图 4.17 IFMS/Urban 模型二维管网耦合功能示意图

HEC-HMS 模型和 IFMS/Urban 模型的耦合为松散耦合，需要先以 IFMS/Urban 模型的边界范围，将 HEC-HMS 模型的子流域进行重新划分，按照一维管网边界中河道的上游入流节点和下游出流节点对 HEC-HMS 模型中流域模块的子流域进行拆分，如图 4.18 所示。上游入流节点包括 6 个：节点 1 位于索须河入贾鲁河口处，包括索须河入流以及贾鲁河左岸未包含中心城区模拟范围内的汇水面积所产生的入流；节点 2 为常庄水库出流；节点 3 包括尖岗水库出流与拆分出的尖岗水库至中心城区边界区间的流量；节点 4、5、6 分别为熊耳河、十八里河和十七里河至中心城区边界的入流量。下游出流节点一共 3 个，分别对应中心城区边界上的贾鲁河（节点7）、魏河（节点8）和东风渠（节点9）出流。HEC-HMS模型率定好之后，按照节点位置提取中心城区出入流节点的流量过程，为IFMS/Urban模型提供边界条件和校验所需的出入境流量差。IFMS/Urban模型入流边界设置如图4.19所示。

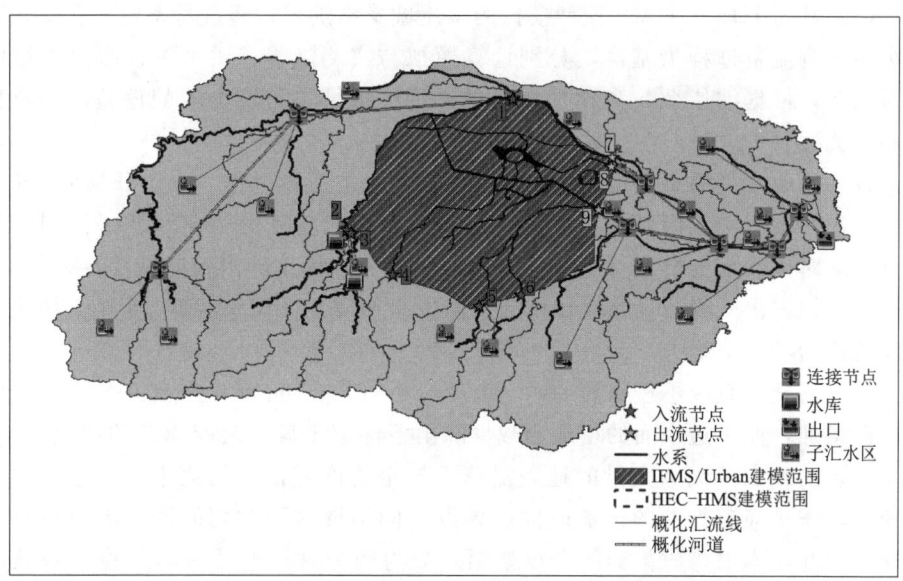

图4.18　一二维水文水动力耦合模型示意图

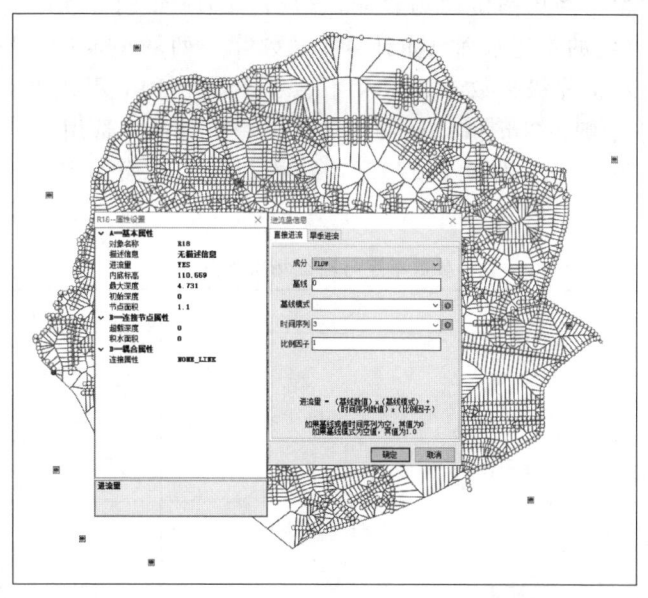

图4.19　IFMS/Urban模型入流边界设置示意图

4.4 模型率定与验证

城市一二维水文水动力模型的率定与验证步骤如下：

（1）针对 HEC-HMS 模型模拟的全流域暴雨洪水过程进行率定与验证，以中牟站实测流量过程为基准，分别计算模拟与实测洪峰、洪水过程内总洪量的相对误差，依据纳什系数和相关系数来评价模拟结果与实测值的偏差、拟合程度和相关性。

（2）提取水文模型模拟的中心城区入流节点的流量过程，驱动 IFMS/Urban 模型，进行中心城区内涝模拟，模拟结果的率定与验证分为实际调研得到的积水点情况对比和水文模型与 IFMS/Urban 模型分别模拟的出入境流量差对比。

（3）根据出入境流量差对比情况反向校验 HEC-HMS 模型对于中心城区的产汇流机制的模拟能力。

通过前文研究区不透水面的时空演变分析可知，近 40 年来研究区不透水面在不断增加，而不透水面的增加会减少降雨下渗至土壤，改变原有的产流机制，产生更多的地表汇流，大量的地表汇流下排至管网或汇入河道中，也会增加水流速度，减少河道管网的汇流时间，导致不同不透水面时期的产汇流特性发生变化。因此，本书将收集到的 7 场暴雨划分为两个时段进行率定与验证（见表 4.12），2010—2015 年的 4 场暴雨洪水过程的模拟采用 2013 年的不透水面分布计算不透水率，两场率定两场验证。2016—2019 年的 3 场暴雨洪水过程的模拟采用 2019 年的不透水面分布计算不透水率，两场率定一场验证。考虑到影像的时效性和优先级指数，2019 年不透水率选用 10m 不透水面提取结果计算，2013 年由于缺少 2m 和 10m 的影像数据，不透水率选用 16m 不透水面提取结果计算。下文分别从洪水模拟和内涝模拟两个方面对率定与验证结果进行展示。

表 4.12   参数率定与验证场次划分

场次	不透水率	率定与验证
20100720	2013	率定
20110914		率定
20120821		验证
20150626		验证
20170819	2019	率定
20190802		率定
20200807		验证

4.4.1 流域洪水模拟

洪水模拟的率定与验证结果见表4.13，7场暴雨洪水过程的洪峰洪量相对误差绝对值均在20%以内，纳什系数在0.66~0.95，相关系数在0.90以上，模拟结果较好。由图4.20可以看出，2010—2015年的洪水过程模拟的拟合效果更好。而2016—2019年，20190802和20200807两个场次暴雨洪水过程短，小时雨强大见图4.21，在流域出口形成了200m^3/s以上的洪峰流量，特别是20190802场次洪水，最大1h降雨达到了70mm以上，形成了当时中牟站1963年以来最大洪水。20170819场次洪水与这两次的洪水量级相差较大，产汇流特征有所差异，采用同一组参数不能很好地兼顾三场洪水特征，拟合效果略差，但2016—2019年的三场洪水的纳什系数均在0.5以上，模拟效果满足要求。

表4.13　　　　　　中牟站洪水模拟率定与验证结果

场次	洪量			洪峰			纳什系数	相关系数
	模拟/万m^3	实测/万m^3	误差/%	模拟/(m^3/s)	实测/(m^3/s)	误差/%		
20100720	2401.54	2200.88	9.12	104.0	92.6	7.78	0.95	0.99
20110914	4454.13	4044.32	10.13	130.4	110	18.55	0.82	0.97
20120821	1577.74	1657.00	-4.78	80.0	76.2	4.99	0.84	0.96
20150626	2612.14	2802.49	-6.79	97.7	85.7	14.00	0.72	0.97
20170819	944.85	1145.77	-17.54	58.6	72.2	-18.84	0.66	0.90
20190802	1766.37	1481.02	19.27	259.2	245	5.8	0.90	0.97
20200807	2128.68	2611.82	-18.5	176.5	215	-17.91	0.83	0.93

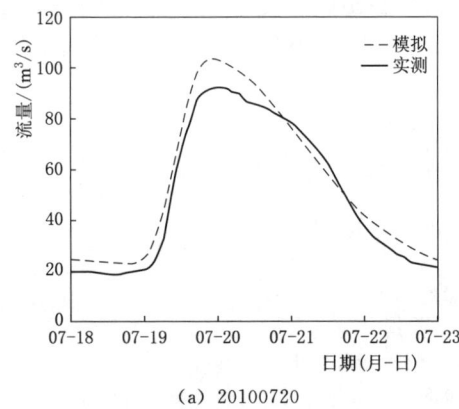
(a) 20100720

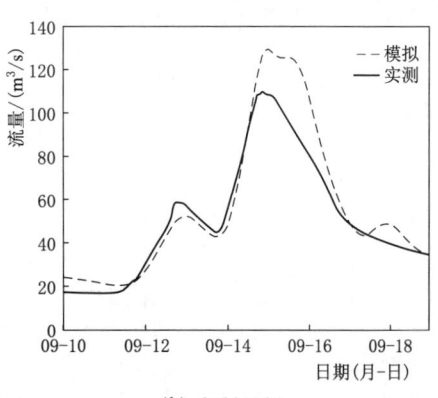
(b) 20110914

图4.20（一）　2010—2015年中牟站实测与模拟洪水流量对比图

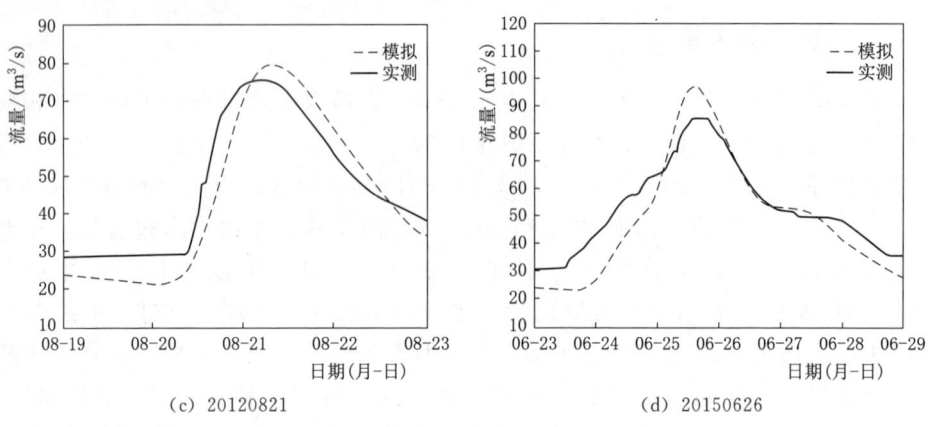

(c) 20120821

(d) 20150626

图 4.20（二） 2010—2015 年中牟站实测与模拟洪水流量对比图

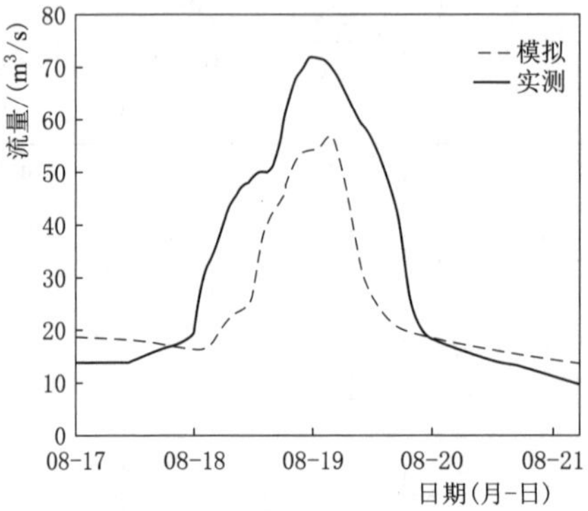

(a) 20170819

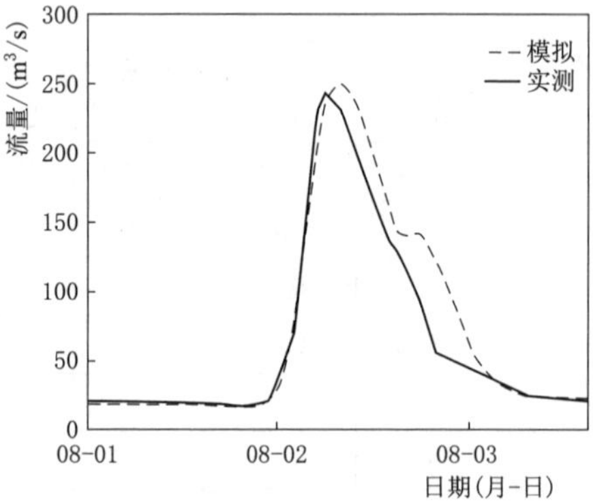

(b) 20190802

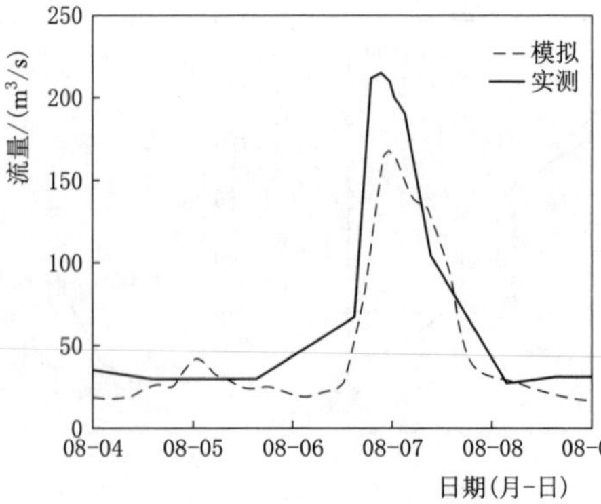

(c) 20200807

图 4.21 2016—2019 年中牟站实测与模拟洪水流量对比图

对比 2010—2015 年和 2016—2019 年的参数率定结果，2010—2015 年各子流域的滞时在 335.8~1274.8min 之间，平均为 638.56min；汇流计算的参数 K 在 1~32.77h，平均为 12.17h。2016—2019 年流域的产汇流速度加快，时间较 2010—2015 年减少，各子流域的滞时在 121.94~435.1min，平均为 222.95min；汇流计算的参数 K 在 0.79~23.89h，平均为 6.21h。在流域不透水面增加和近些年降雨特征变化（历时短，强度大）的共同作用下，2016—2019 年的各子流域产流滞时减少了 34.91%，河道演进时间减少了 51.03%。

4.4.2 城区内涝模拟

内涝模拟参数率定与验证除了需要根据 HEC-HMS 模型和 IFMS/Urban 模型模拟的出入境水量差进行误差控制之外，还需要将模拟得到的地表淹没结果与实际的积水情况进行对比。本书仅收集到 20190802 场次和 20200807 场次的内涝积水信息，其他场次由于时间距离较远，暴雨洪水规模较小，积水情况较轻，实际内涝积水资料难以获取。因此，本书就 20190802 和 20200807 两个场次的暴雨洪水过程进行了内涝模拟的率定与验证。首先是从流域洪水模拟成果中提取城区内涝模拟的边界入流，在 20190802 和 20200807 场次暴雨洪水过程中，常庄水库和尖岗水库均发挥了拦洪错峰的作用，出库流量为 0。节点 2 为常庄水库出流流量，节点 3 代表尖岗水库出流及尖岗水库至中心城区边界区间的流量，因此节点 2 没有边界入流流量，节点 3 仅包括尖岗水库至中心城区边界区间的流量过程，两个暴雨洪水场次的各节点边界入流如图 4.22 和图 4.23 所示。

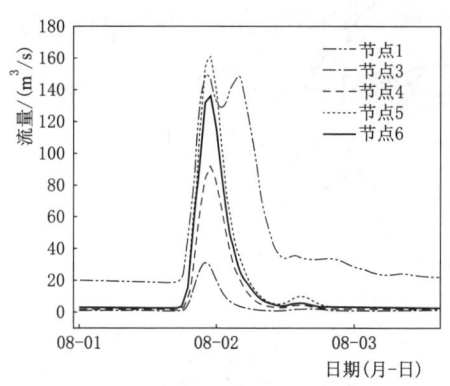
图 4.22 20190802 场次边界入流节点流量过程图

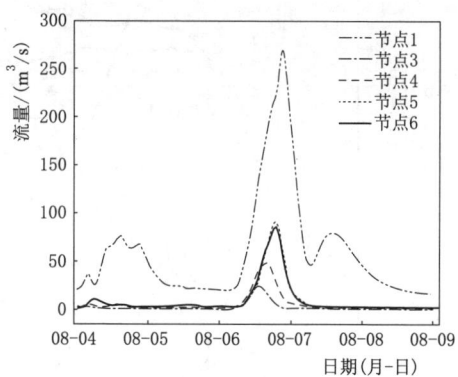
图 4.23 20200807 场次边界入流节点流量过程图

设置边界入流之后，对城区内涝模型进行率定与验证，模拟结果的评价标准以水文模型模拟的出入境流量差和管网模拟流量差对比，同时调查积水点深度与模拟深度对比两个方面进行综合评价。由表4.14可以看出,一维管网模型模拟的地表径流连续性误差 RQ 和流量演算连续性误差 FR 均在1%以下,水文流量差与管网模拟流量差的相对误差的绝对值在24%以内,从出入境流量控制的角度来看,模型较为合理。

表4.14 内涝模拟率定与验证结果

项目	场次	RQ/%	FR/%	水文流量差/万 m³	管网流量差/万 m³	相对误差/%
率定	20190802	−0.019	0.190	1470.83	1130.07	−23.17
验证	20200807	−0.005	0.175	923.86	995.90	7.80

图4.24为IFMS/Urban模型模拟的20190802场次地表淹没风险图,可以看出七里河右岸,管城回族区的积水较为严重,2m以上的积水大部分在此分布,统计地表淹没面积可知(见表4.15),研究区总淹没面积为15.27km²,其中积水深度在0.10~0.15m的面积有2.7km²,积水深度在0.15~0.5m的有8.07km²,为面积占比最高的积水深度区间,0.5~1m积水深度的总面积为3.10km²,1m以上的积水情况较少,共1.40km²。进一步评价模型对积水点深度的模拟效果,表4.16展示了20190802场次的模拟积水点深度与调查水深之间的相对误差,5个积水点中,除了明理路龙子湖南路的误差较大以外,总体上与实际情况较为符合,相对误差在−26.23%~3.4%,平均相对误差为−10.44%。

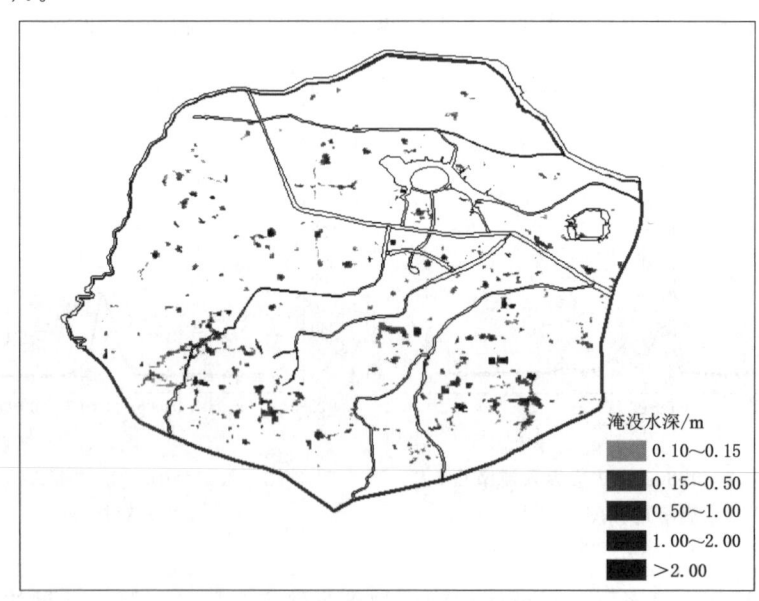

图4.24 20190802场次地表淹没风险图

表 4.15 20190802 场次积水面积统计结果

积水深度/m	0.10~0.15	0.15~0.50	0.50~1.00	1.00~2.00	>2.00	合计
积水面积/km²	2.70	8.07	3.10	1.10	0.30	15.27

图 4.25 为 20200807 场次地表淹没风险图,可以看出该场次暴雨产生的内涝积水情况明显轻于 20190802 场次,统计地表淹没面积可知(见表 4.17),研究区总淹没面积为 4.40km²,其中积水面积分布最大的仍然是 0.15~0.5m 的积水深度,面积为 2.39km²,0.5~1m 积水深度的总面积次之,为 0.90km²,1m 以上的积水共 0.47km²。表 4.16 展示了 20200807 场次的模拟积水点深度与调查水深之间的相对误差,20200807 场次的模拟深度与调查水深的误差较小,相对误差在−16.67%~4%,平均相对误差为−9.75%。

表 4.16 20190802 场次积水点率定结果

积 水 点	调查最大水深/m	模拟水深/m	相对误差/%
经开区经北五路	0.40	0.36	−9.28
康平路与万通路交叉口	0.30	0.27	−11.00
明理路与龙子湖南路交叉口	1.00	0.74	−26.23
陇海路与经开第八大街交叉口	1.00	0.91	−9.10
经开第九大街	0.25	0.26	3.40

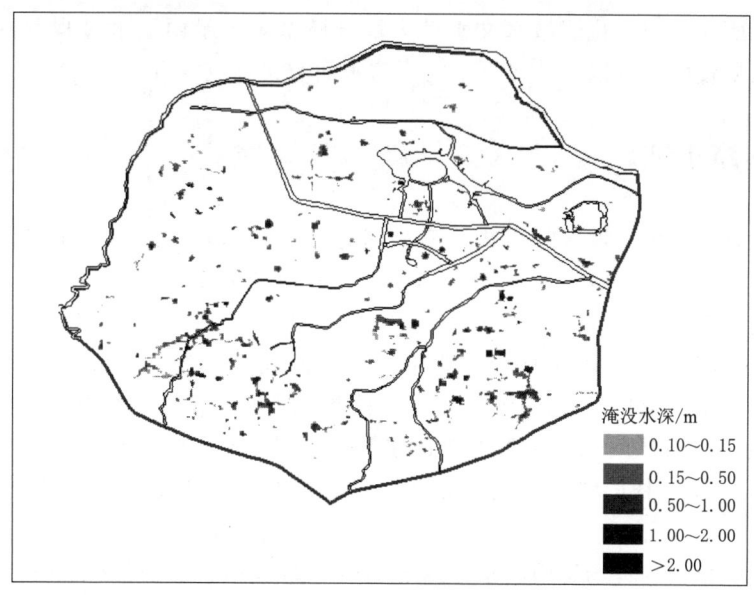

图 4.25 20200807 场次地表淹没风险图

第4章 城市化流域水文水动力耦合模型

表 4.17　　　　　20200807 场次积水面积统计结果

积水深度/m	0.10~0.15	0.15~0.50	0.50~1.00	1.00~2.00	>2.00	合计
积水面积/km²	0.64	2.39	0.90	0.36	0.11	4.40

表 4.18　　　　　20200807 场次积水点率定结果

积水点	调查最大水深/m	模拟水深/m	相对误差/%
嵩山路与中原路交叉口	0.30	0.25	−16.67
南三环与紫荆山路交叉口	0.20	0.19	−5.00
京广快速路与陇海路交叉口	0.15	0.13	−13.33
建设路与桐柏路交叉口	0.50	0.48	−4.00

从积水点模拟的角度来看，20190802 和 20200807 两个暴雨洪水场次在内涝积水模拟中的表现较好。产流相关参数的最终取值见表 4.19。

表 4.19　　　　　产流相关参数最终取值表

参　　数	取值	参　　数	取值
渗透性粗糙系数	0.18	最大渗透速率/(mm/h)	76
不渗透性粗糙系数	0.021	最小渗透速率/(mm/h)	3.5
渗透性洼地蓄水/m	6.8	衰减常数	3
不渗透性洼地蓄水/m	3.5		

综上所述，城市化流域水文水动力耦合模型对于暴雨洪水过程及内涝情况的模拟效果较好，可以支持接下来的不透水面水文效应定量分析研究。

4.5　本章小结

本章首先分析了城区暴雨内涝建模时存在的两个问题：第一个是内涝模拟范围为中心城区，缺少完整的水文边界，模型驱动需要额外提供边界入流；第二个是模型率定与验证时缺少排水出口实测流量的问题。由此提出了基于 HEC-HMS 水文模型和 IFMS/Urban 模型的城市化流域一二维水文水动力耦合框架，通过开发数字流域自动提取模块和面向不透水面变化研究的参数提取模块，实现全流域 HEC-HMS 水文模型的快速建模，为 IFMS/Urban 内涝模拟模型提供边界条件，驱动中心城区的内涝模拟，共同构成城市化流域水文水动力耦合模型。

利用收集到的 7 场暴雨洪水数据对 HEC-HMS 模型进行率定和验证，结果表明模型模拟的洪峰洪量相对误差的绝对值均小于 20%，纳什系数在 0.66~0.95，相关系数在 0.90 以上，模拟精度基本满足要求。对比 2010—2015 年和

2016—2019 年两个时间段的参数特征可以发现,在流域不透水面增长和降雨特征变化的共同作用下,2016—2019 年期间流域产流滞时减少了 34.91%,河道演进时间减少了 51.03%。

根据 20190802 场次和 20200807 场次的内涝积水信息,对中心城区内涝模拟进行参数率定和验证,两个场次模拟的 RQ 和 FR 误差均在 1% 以下,水文流量差与管网模拟流量差的相对误差的绝对值在 24% 以内,积水点深度模拟平均相对误差的绝对值在 11% 以下,耦合模型对于暴雨洪涝过程的模拟效果较好,能够满足不透水面水文效应定量分析的精度要求。

第 5 章

不透水面水文效应定量模拟分析

本章基于第 4 章构建的城市化流域一二维水文水动力耦合模型,采用情景分析的方法,设计不透水面年代变化和不透水面有效性两类情景,定量分析不透水面变化引起的水文效应。首先是对情景设计中的不透水面参数进行提取与分析,为接下来的情景模拟提供驱动因子。接下来从洪水和内涝两个方面分别对情景模拟成果进行讨论,不透水面变化情景下的洪水分析是以第 3 章提取的 1986—2019 年不同年代的 5 个不透水面分布数据设置不透水面年代变化情景,模拟典型暴雨和设计暴雨下的洪水过程,以 1986 年为基准,定量分析不同年代不透水面变化对典型暴雨和设计暴雨洪水的影响。不透水面情景下的内涝分析中,设置不同年代不透水面变化情景,分析不透水面变化在典型暴雨洪涝事件中对中心城区的内涝影响;设置不透水面有效性情景,模拟 100% 有效不透水面(P0)、75% 有效不透水面(P25)、50% 有效不透水面(P50)和 25% 有效不透水面(P75)情景下中心城区内涝变化特征,定量分析不透水面空间组合方式对研究区中心城区洪涝的影响。

5.1 情景设计中不透水面参数的提取与分析

本章设计的不透水面年代变化和不透水面有效性两类情景中,不透水面有效性情景是基于城区内涝模拟中的一维管网模型设置,该情景不改变水文响应单元的不透水率,仅对单元内部不透水面与透水面的空间组合方式进行改变,因此模型不透水面参数提取主要为不透水面年代变化情景中的不透水面参数提取,分为以 HEC-HMS 水文模型为基础的流域洪水模拟不透水面参数和以 IFMS/Urban 为基础的城区内涝模拟不透水面参数。

5.1.1 流域洪水模拟的不透水面参数

基于 HEC-HMS 模型的流域洪水模拟中,不透水面作用于模型中各子流域的产流计算模块,通过第 4 章开发的面向不透水面变化研究的参数提取模块,可以有效地将不透水面从 CN 值计算中独立出来,以各子流域不透水率的形式驱动水文模型。考虑到空间尺度的一致性,根据 3.4 节中提取的 1986 年、1995 年、2004 年、2013 年和 2019 年等 5 个不同年份的 30m 分辨率不透水面分布数据设置不透水面年代变化情景。1986 年、1995 年、2004 年、2013 年和 2019 年研究区全流域不透水率分别为:7.90%、15.58%、20.87%、28.23%、35.53%,不透水率逐年增加。根据生成的数字流域提取各子流域在 1986 年、1995 年、2004 年、2013 年和 2019 年的不透水率,如表 5.1 和图 5.1 所示。各子流域在 1986—2019 年不透水率不断变化,其中 W290、W330、W350、W370、W400 等 5 个子流域分布在城区,不透水率始终较高,1986—2013 年增长明显,在 2013—2019 年趋于饱和,不透水率变化不大,而在此期间,位于外围子流域不透水率增长幅度变大。W510 和 W540 分布在流域的西南山区,不透水率始终较低,代际变化较小。W490、W520 和 W530 子流域分别属于常庄和尖岗水库的控制流域,由于水库的调节拦蓄作用,这三个子汇水区的不透水面变化对流域出口流量的影响有限。

表 5.1   不同年代不透水面情景下的各子流域不透水率表

子流域	Imp_{2019}	Imp_{2013}	Imp_{2004}	Imp_{1995}	Imp_{1986}
W280	25.90	13.16	11.24	11.69	5.24
W290	59.33	53.12	40.53	29.26	15.00
W300	27.35	16.20	12.97	11.38	5.96
W310	36.00	25.26	13.15	12.27	1.91
W320	35.36	20.84	6.56	8.50	4.63
W330	68.26	62.09	48.57	40.18	21.96
W340	18.43	12.94	8.96	12.71	5.26
W350	62.84	57.96	53.79	40.61	29.38
W360	50.41	43.93	11.98	7.99	1.85
W370	86.76	84.67	82.24	62.95	45.88
W380	32.73	22.22	24.14	14.34	4.18
W390	39.93	24.94	7.42	15.20	5.06
W400	76.68	72.79	41.87	22.12	9.03
W410	28.40	40.25	11.16	16.13	2.69

续表

子流域	Imp$_{2019}$	Imp$_{2013}$	Imp$_{2004}$	Imp$_{1995}$	Imp$_{1986}$
W420	21.17	21.96	23.62	13.71	3.78
W430	23.96	18.88	11.78	6.66	2.48
W440	35.36	35.43	26.63	20.75	9.72
W450	50.98	34.37	16.41	22.49	4.77
W460	39.67	34.84	27.04	11.66	6.51
W470	38.89	34.57	20.69	8.02	3.95
W480	13.08	18.72	14.95	4.23	2.35
W490	19.65	10.00	6.67	5.47	2.52
W500	28.87	17.47	18.27	5.97	3.30
W510	4.02	2.13	2.05	2.28	1.20
W520	7.07	2.71	5.36	3.61	3.14
W530	11.26	3.99	6.24	4.46	3.92
W540	6.96	6.35	3.15	2.57	1.25

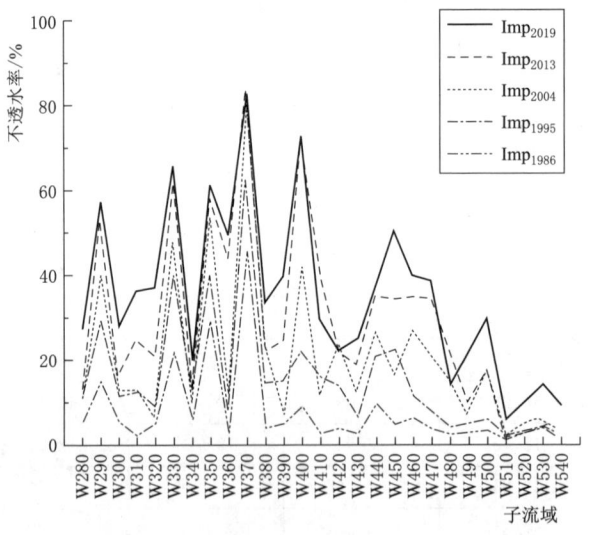

图 5.1 不同年代不透水面情景下的各子流域不透水率变化图

5.1.2 城区内涝模拟的不透水面参数

流域不透水面从 1986 年开始不断增加，至 2019 年流域平均不透水面百分比达到了 35.53%，中心城区的发展高于流域平均水平，2019 年中原区、二七区、金水区、管城回族区和惠济区等5个城区的不透水面百分比均达到了40%以上。本研究模拟中心城区内涝的范围位于这5个城区的核心地带，不透水面变化特征不同于全流域，在对城区进行不透水面内涝影响分析之前，首先需要明晰模拟范围内的不透水面变化情况。1986年、2004年、2013年和2019年中心城区的平均不透水率分别为24.08%、40.30%、54.36%、68.24%、71.85%。

图5.2展示了1986年、2004年、2013年和2019年一维管网模型中各子汇水区不透水率的变化。可以发现，1986年不透水面集中分布在中西部，之后随着

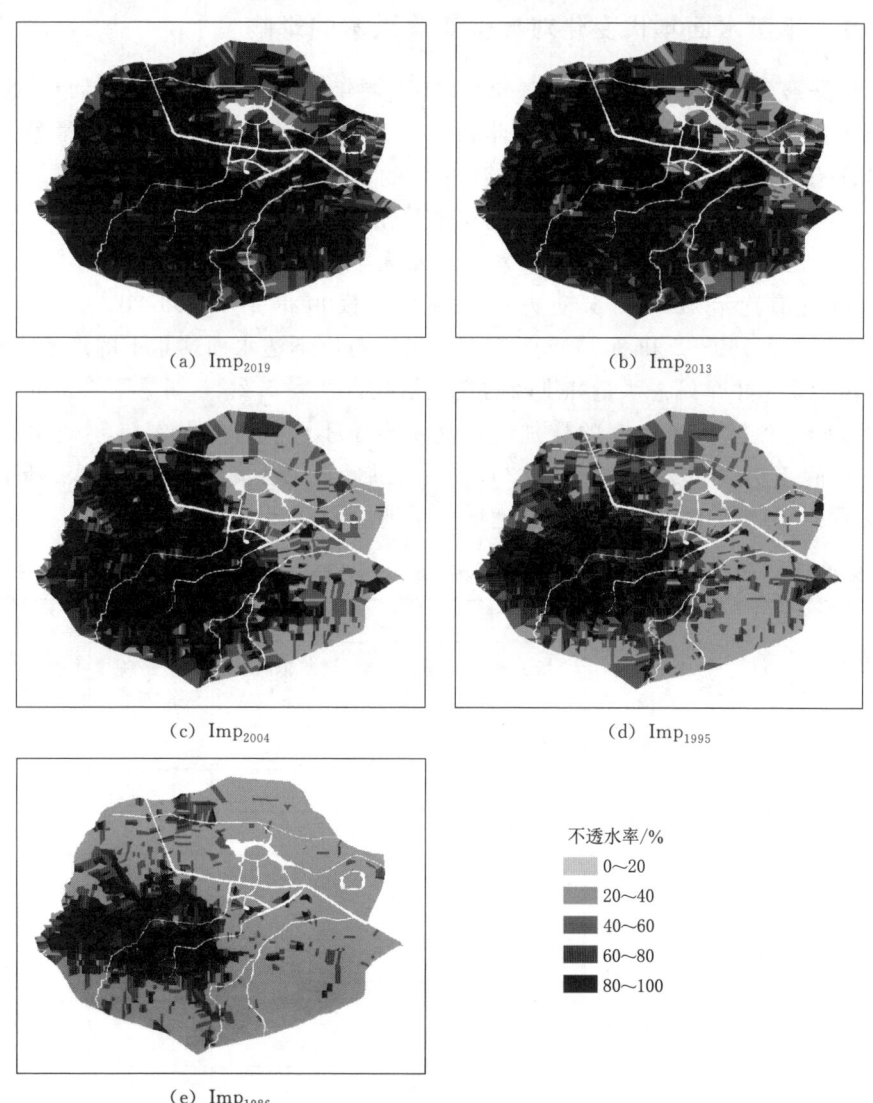

(a) Imp_{2019} (b) Imp_{2013}

(c) Imp_{2004} (d) Imp_{1995}

(e) Imp_{1986}

图5.2　不同年代不透水面情景下子汇水区不透水率图

时间的推移，不透水面以中西部为中心不断向四周扩张。到了 2004 年，中心城区的东北方向（正东、正北和东北三个方位）不透水面分布仍然较少。2013 年后，中心城区东部和东北部发展起来，整个中心城区的不透水面趋于饱和。

5.2 不透水面变化情景下的洪水分析

5.2.1 不透水面年代变化对典型暴雨洪水的影响

根据第 3 章对于研究区 1986—2019 年不同年代的不透水面提取结果，设置 1986 年、1995 年、2004 年、2013 年和 2019 年 5 种不透水面年代变化情景，选取纳什系数在 0.8 以上，拟合效果较好的 20100720、20110914、20120821、20190802 和 20200807 等 5 个场次的典型暴雨进行情景模拟。以 2019 年、2013 年、2004 年、1995 年和 1986 年 5 种不透水面年代变化情景下的各子流域不透水率驱动城市化流域水文水动力耦合模型，模拟得到 20100720、20110914、20120821、20190802 和 20200807 等 5 个场次对应不透水面情景下的洪水过程，统计流域出口中牟站总洪量和洪峰的变化情况，见表 5.2。5 场暴雨洪水的洪量和洪峰随着流域不透水率的增加，都显示出了不同程度的增长。不透水率从 1986 年的 7.9% 增长到 2019 年的 35.53%，洪量平均增长了 56.98%，洪峰平均增长了 94.21%，洪峰流量的增长速度大于洪量。

表 5.2 不同年代不透水面情景下中牟站洪量、洪峰变化

场次	情景	洪量			洪峰		
		模拟洪量/万 m^3	增长率/%	增长速度/%	模拟洪峰/(m^3/s)	增长率/%	增长速度/%
20200807	2019	2152.97	61.45	2.22	178.1	117.20	4.24
	2013	1934.84	45.09	2.22	148.8	81.46	4.01
	2004	1744.22	30.79	2.37	127.2	55.12	4.25
	1995	1585.29	18.88	2.46	111.9	36.46	4.75
	1986	1333.56	—	—	82.0	—	—
20190802	2019	1767.35	78.83	2.85	259.8	123.00	4.45
	2013	1562.65	58.11	2.86	214.1	83.78	4.12
	2004	1380.83	39.72	3.06	181.7	55.97	4.32
	1995	1216.33	23.07	3.00	160.1	37.42	4.87
	1986	988.31	—	—	116.5	—	—

续表

场次	情景	洪量			洪峰		
		模拟洪量/万 m³	增长率/%	增长速度/%	模拟洪峰/(m³/s)	增长率/%	增长速度/%
20120821	2019	1637.08	57.74	2.09	85.6	101.41	3.67
	2013	1476.33	42.25	2.08	73.5	72.94	3.59
	2004	1333.71	28.51	2.20	62.8	47.76	3.68
	1995	1220.77	17.63	2.30	55.7	31.06	4.04
	1986	1037.84	—	—	42.5	—	—
20110914	2019	4575.65	37.66	1.36	135.7	45.60	1.65
	2013	4231.94	27.32	1.34	123.1	32.08	1.58
	2004	3934.92	18.39	1.42	112.9	21.14	1.63
	1995	3706.89	11.53	1.50	105.2	12.88	1.68
	1986	3323.81	—	—	93.2	—	—
20100720	2019	2473.60	53.90	1.95	111.2	94.41	3.42
	2013	2238.83	39.30	1.93	95.5	66.96	3.29
	2004	2038.86	26.85	2.07	83.0	45.10	3.48
	1995	1870.87	16.40	2.14	73.6	28.67	3.73
	1986	1607.24	—	—	57.2	—	—

观察图 5.3 可以发现，2010—2015 年的 3 个暴雨洪水场次都体现出随着不透水率的增加，洪量和洪峰的增长率不断增加的特征。不透水面从 1986 年增长到 2013 年，洪量和洪峰的增长速度持续减小，2013—2019 年不透水面从 28.23% 增加到 35.53% 时，洪量的增长速度较为稳定，洪峰的增长速度略有增加。相同情景下，3 个场次的洪量、洪峰增长率大小也有明显差异。20100720、20110914 和 20120821 等 3 个暴雨洪水场次实测总洪量分别为 2200.88 万 m³、4044.32 万 m³、1657.00 万 m³，最大单日实测洪量分别为 765.92 万 m³、842.53 万 m³、604.40 万 m³，洪峰流量分别为 92.60m³/s、110.00m³/s、76.20m³/s，按照洪水量级从大到小排序为 20110914＞20100720＞20120821，当不透水面从 1986 到 2019 年时，洪量增长率依次分别为 37.66%、53.90%、57.74%，洪峰增长率为 45.60%、94.41%、101.41%。揭示出量级较小的暴雨场次对不透水面的变化较为敏感，且洪峰的响应程度大于洪量。这一方面说明当暴雨量级达到一定的程度，土壤含水量很快达到饱和或直接产生超渗产流，不透水面的增加对洪水影响会减小；另一方面揭示出相较于洪量，不透水面的增长会对暴雨洪水的洪峰产生的影响更大，在考虑城市下垫面变化情况的基础上开展洪水的计算更为合理。

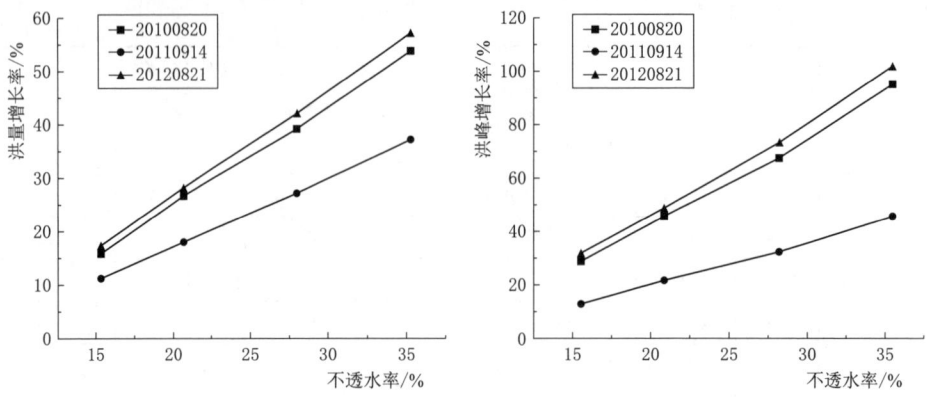

图 5.3　不同年代不透水面情景下 2010—2015 年参数模式场次
中牟站洪量、洪峰增长率图

如图 5.4 所示，20190802 和 20200807 场次的洪量、洪峰增长率均大于 2010—2015 年的暴雨洪水场次。20190802 场次的总洪量和最大单日洪量（总洪量 1481.02 万 m^3、最大单日洪量 1153.33 万 m^3）均小于 20200807 场次（总洪量 2611.82 万 m^3、最大单日洪量 1198.30 万 m^3），但洪峰却较大，两个场次的洪量和洪峰的增长率特征略有不同，但总体上 20190802 场次比 20200807 场次的洪量、洪峰增长率大。分析两个场次的降雨特征发现，20190802 场次中站点最大 3h 雨量为 127.2mm，降雨集中在 3h 内，降雨中心位于流域中部不透水率较大的中心城区，20200807 场次的最大 3h 雨量为 55.2mm，强度较 20190802 场次小，降雨持续时间较长，降雨中心位于流域上游不透水率较小的地区和小部分西部城区。结果显示出短时强降雨对不透水面变化更为敏感，但由于两场降雨不仅雨强不同，落区也存在较大差异，因此无法得出更进一步的结论。前人的

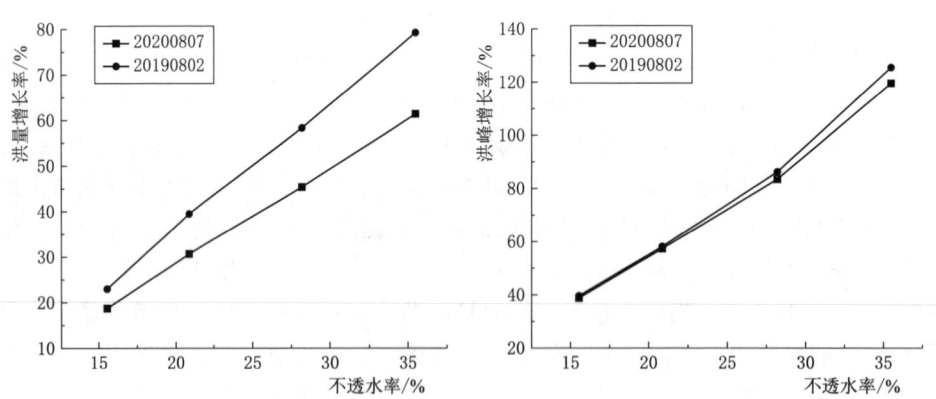

图 5.4　不同年代不透水面情景下 2016—2020 年参数模式场次
中牟站洪量、洪峰增长率图

研究也表明，流域不透水面和降雨的空间分布特征、降雨中心、降雨强度等，都会对流域洪水造成影响[10,249]，降雨和不透水面的相对位置变化也会改变流域的产汇流机制，使径流量显著增加或减少[250-251]。因此为了排除干扰因素，定量分析不透水面变化对流域洪水的影响，下文增加了对设计暴雨的情景模拟分析。

5.2.2 不透水面年代变化对设计暴雨洪水的影响

根据郑州市暴雨强度公式，计算研究区 20 年、50 年、100 年一遇的 3h 降雨量，采用芝加哥雨型公式计算不同频率的 3h 降雨过程，峰值系数取 0.5。公式如下：

$$i = \frac{32.9(1+0.965\lg P)}{(t+24.8)^{0.929}} \tag{5.1}$$

式中：i 为设计暴雨强度，mm/min；P 为重现期；t 为降雨历时，min。

计算成果见表 5.3，100 年一遇 3h 总降雨量为 123.87mm，50 年一遇为 111.59mm，20 年一遇为 95.36mm。可以看出，20190802 场次降雨中心的最大 3h 降雨量已经达到了 100 年一遇级别。

表 5.3　　不同重现期 3h 降雨量

重现期/a	100	50	20
3h 雨量/mm	123.87	111.59	95.36

图 5.5 为生成的不同重现期的降雨过程线，根据生成的降雨时间序列，假设全流域均发生设计降雨过程以保持降雨空间分布一致，分别模拟不同重现期下不同年代不透水面变化对洪水的影响。

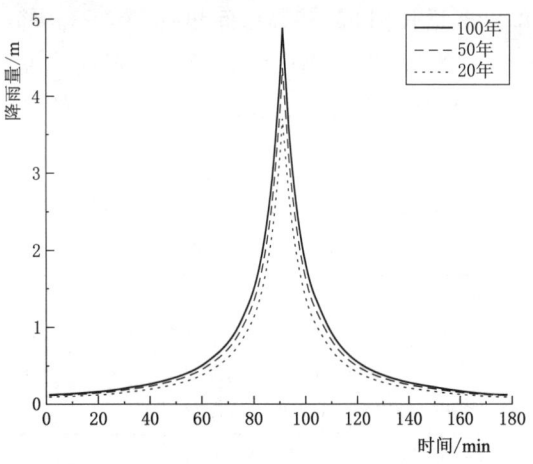

图 5.5　不同重现期 3h 降雨过程

第5章 不透水面水文效应定量模拟分析

如表 5.4 所示，在 2016—2019 年参数模式下模拟的同一重现期下洪量都随着不透水面的增加而增加，增长率不断变大，2019 年不透水面情景下较 1986 年，20 年、50 年、100 年一遇设计暴雨所产生的洪量分别增长了 72.95％、65.61％、60.70％，重现期高的暴雨在不透水面增长过程中的变化率更高。整体来看，在不透水面从 1986 年增长到 2019 年的过程中，洪量的增长速度呈先减缓后增加的趋势。

表 5.4 不同年代不透水面情景下 2016—2019 年参数模式下
设计暴雨中牟站洪量变化

情景	20 年			50 年			100 年		
	洪量/万 m³	增长率/％	增长速度/％	洪量/万 m³	增长率/％	增长速度/％	洪量/万 m³	增长率/％	增长速度/％
2019	2376.21	72.95	2.64	28403.5	65.61	2.37	3208.19	60.70	2.20
2013	2101.38	52.95	2.6	2531.83	47.62	2.34	2875.95	44.06	2.17
2004	1861.26	35.47	2.73	2262.81	31.93	2.46	2586.57	29.56	2.28
1995	1682.13	22.43	2.92	2061.07	20.17	2.63	2368.87	18.66	2.43
1986	1373.92	—	—	1715.13	—	—	1996.42	—	—

表 5.5 展示了 2016—2019 年参数模式下不同重现期在不同年代不透水率情景下洪峰流量的模拟结果，发现洪峰流量同样随着不透水面的增加而增加，2019 年不透水面情景下较 1986 年，20 年、50 年、100 年一遇设计暴雨所产生的洪峰分别增长了 90.22％、77.62％、70.70％。与洪量不同的是，洪峰流量在不透水面从 2013 年增长到 2019 年时的增长速度明显增大，也就是说洪峰流量在流域不透水率从 28.23％增长到 35.53％期间出现了增长高峰。由图 5.6 可以看出，高重现期的洪量和洪峰的增长率始终大于低重现期，说明高重现期的洪量和洪峰对不透水面变化的响应程度更大。同一重现期下的洪峰流量的增长幅度大于洪量。

表 5.5 不同年代不透水面情景下 2016—2019 年参数模式设计
暴雨中牟站洪峰变化

情景	20 年			50 年			100 年		
	洪峰/(m³/s)	增长率/％	增长速度/％	洪峰/(m³/s)	增长率/％	增长速度/％	洪峰/(m³/s)	增长率/％	增长速度/％
2019	391.1	90.22	3.27	477.8	77.62	2.81	546.7	70.70	2.54
2013	327.4	59.24	2.91	404.4	50.33	2.48	467.6	45.49	2.24
2004	288.4	40.27	3.11	362.3	34.68	2.67	422	31.3	2.41

续表

情景	20年			50年			100年		
	洪峰/(m³/s)	增长率/%	增长速度/%	洪峰/(m³/s)	增长率/%	增长速度/%	洪峰/(m³/s)	增长率/%	增长速度/%
1995	265	28.89	3.76	335.7	24.8	3.23	393.2	22.34	2.91
1986	205.6	—		269	—		321.4	—	

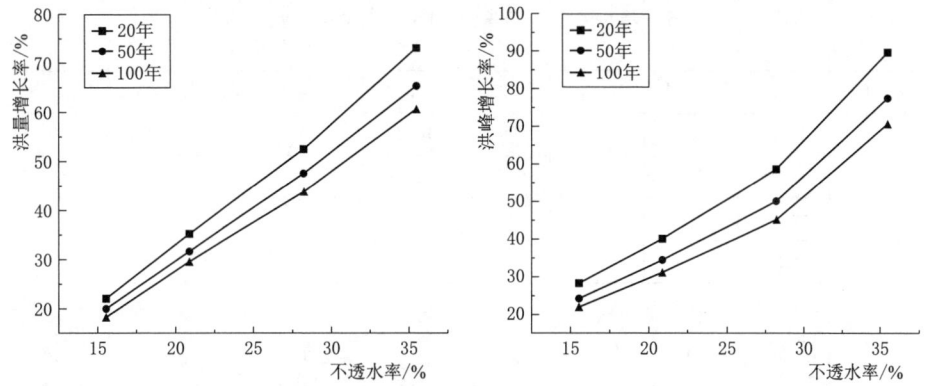

图5.6 不同年代不透水面情景下2016—2019年期间设计暴雨
中牟站洪量、洪峰增长率图

2010—2015年参数模式下模拟的不同重现期下的洪量变化结果见表5.6。随着不透水面的增加,洪量也在不断地增长。20年、50年、100年一遇情景下,2019年不透水面情景的模拟洪量较1986年分别增加了65.98%、61.60%、58.27%。增长趋势与2016—2019年参数模式一致,但增长速度较小。

表5.6 不同年代不透水面情景下2010—2015年参数模式下设计暴雨中牟站洪量变化

情景	20年			50年			100年		
	洪量/万m³	增长率/%	增长速度/%	洪量/万m³	增长率/%	增长速度/%	洪量/万m³	增长率/%	增长速度/%
2019	1751.17	65.98	2.39	2065.19	61.60	2.23	2314.10	58.27	2.11
2013	1554.77	47.36	2.33	1843.35	44.24	2.18	2074.54	41.88	2.06
2004	1397.28	32.44	2.50	1665.43	30.32	2.34	1882.30	28.74	2.22
1995	1275.09	20.85	2.72	1526.22	19.42	2.53	1731.14	18.40	2.40
1986	1055.06	—		1277.98			1462.15		

如表5.7和图5.7所示,2010—2015年参数模式下,不透水面从1986年增长到2019年,20年、50年、100年一遇设计暴雨所产生的洪峰分别增长了77.83%、70.30%、65.23%,增长趋势和变化幅度与2016—2019年参数模式一致,但增长速度仍然较小。

表5.7 不同年代不透水面情景下2010—2015年参数模式下设计暴雨中牟站洪峰变化

情景	20年			50年			100年		
	洪峰/(m³/s)	增长率/%	增长速度/%	洪峰/(m³/s)	增长率/%	增长速度/%	洪峰/(m³/s)	增长率/%	增长速度/%
2019	152.4	77.83	2.82	182.9	70.30	2.54	207.2	65.23	2.36
2013	131.3	53.21	2.62	159.1	48.14	2.37	181.4	44.66	2.20
2004	116.8	36.29	2.80	142.8	32.96	2.54	164.1	30.78	2.37
1995	106.6	24.39	3.18	131.1	21.97	2.86	151.1	20.49	2.67
1986	85.7			107.4			125.4		

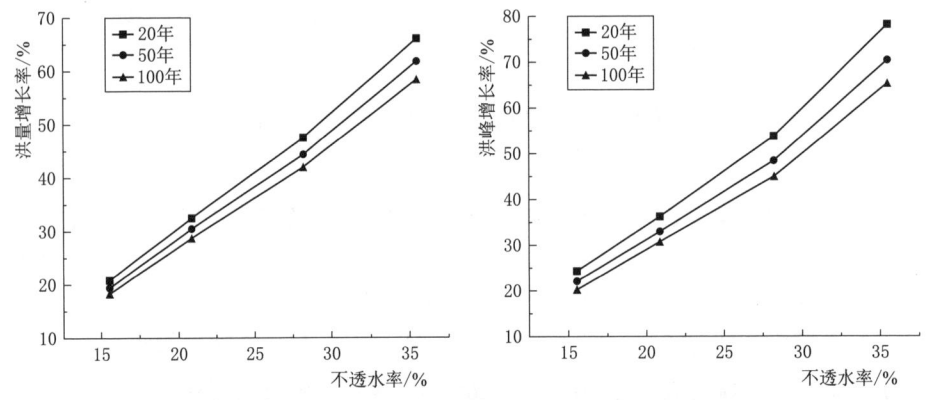

图5.7 不同年代不透水面情景下2010—2015年期间设计暴雨中牟站洪量、洪峰增长率图

对比2010—2015年和2016—2019年不同产汇流参数特征的情景模拟结果可以发现,同样的设计暴雨情景下,两种模式对于高重现期的洪量、洪峰的增长率大于低重现期这一现象的表现是一致的,且洪峰的增长率和增长强度要大于洪量。但2010—2015年参数模式模拟的洪量和洪峰明显小于2016—2019年的参数模式。2016—2019年模式下的产汇流时间大大缩减,洪水过程的叠加效应加大,更加符合短时强降雨的产汇流特征,这可能是在2010—2015年参数模式较2016—2019年参数模式下模拟的洪峰和洪量偏小的原因。

观察图 5.1 中各子流域的不透水面变化发现，1986—2013 年流域不透水率变化主要集中在中部，随着时间的推移，不透水面的增长逐渐趋于饱和，导致洪量和洪峰的增长速度逐渐减少，2013—2019 年下游不透水面增长越来越大，由于下游不透水面增加对洪峰流量和洪量的增加程度最大[8,252]，流域洪量和洪峰的增长速度相较于前一个时期变大。情景模拟表现出的不透水面对于洪峰的影响要大于洪量，洪峰的增长速度提高得更为明显。

总的来说，不透水面的增加会给洪量和洪峰带来不同程度的增长，洪峰的增长程度始终大于洪量，洪水量级小和重现期高的暴雨洪水对于不透水面的变化更为敏感。

5.3 不透水面变化情景下的内涝分析

不透水面的内涝影响采用两类不透水面情景模拟分析，分别模拟 20190802 和 20200807 两个场次的暴雨内涝过程。第一类为 5.3 节设置的 1986 年、1995 年、2004 年、2013 年和 2019 年 5 种不透水面年代变化情景，分析不透水面年代变化对中心城区内涝产生的影响；第二类是不透水面有效性的内涝影响分析，在 2019 年不透水面的基础上，仅改变中心城区 374.55km^2 范围内的有效不透水面的比例，所谓有效不透水面（Effective Impervious Area，简称 EIA）指的是不透水面直接与排水系统相连，与之对应的为非有效不透水面（Non-Effective Impervious Area，NEIA）[144]，即不透水面上的产流首先流入透水面，在透水面产生下渗、填洼之后，再与排水系统相连。由此可见，减少有效不透水面可以一定程度上增加下渗，减少汇流量。IFMS/Urban 模型提供了 OUTLET、Pervious 和 Impervious 三种演算模式：OUTLET 模式指子汇水区中的透水面和不透水面均直接排入排水系统；Pervious 模式指不透水面产流首先流入透水面再汇入排水系统，对应的是非有效不透水面；Impervious 模式指透水面产流首先流入不透水面再汇入排水系统。另外 IFMS/Urban 模型还可以设置模式的演算比例，模拟不同的不透水面空间组合方式。本书选择 Pervious 模式，设置 25%、50% 和 75% 演算比例，分别模拟有效不透水面占总不透水面的 75%（P25）、50%（P50）和 25%（P75）的情景，并与原始 OUTLET 模式，即有效不透水面占 100%（P0）时进行对比，定量分析不透水面的空间组合方式对内涝程度的影响。

5.3.1 不透水面年代变化对城区内涝的影响

表 5.8 为 20190802 场次的情景内涝模拟结果，可以发现，随着不透水率的

增加，下渗量在不断减少。不透水率从 24.08% 增加到 71.85% 后，下渗量从 1563.12 万 m³ 减少到 539.86 万 m³，降低了 65.46%；地表产流量从 1400.84 万 m³ 增加到 2375.72 万 m³，增加了 69.59%；产流系数从 0.47 增加到 0.80，积滞水量（见表 5.9）从 331.31 万 m³ 增加到 970.60 万 m³。表 5.9 还计算了不同情景下中心城区范围内的平均积水深，1986—2019 年情景下，平均积水深从 8.85mm 增加到 25.91mm，增长率为 192.77%。

表 5.8 不同年代不透水面情景下 20190802 场次内涝模拟结果

情景	下渗量/万 m³	下渗深/mm	地表产流量/万 m³	地表径流深/mm	产流系数
1986	1563.12	40.92	1400.84	36.68	0.47
1995	1211.04	31.71	1736.64	45.47	0.58
2004	917.43	24.02	2015.91	52.78	0.67
2013	617.56	16.17	2301.71	60.26	0.77
2019	539.86	14.13	2375.72	62.20	0.80

表 5.9 不同年代不透水面情景下 20190802 场次积水情况变化

情景	积滞水量/万 m³	平均积水深/mm	增长率/%
1986	331.31	8.85	—
1995	489.43	13.07	47.68
2004	646.85	17.27	95.14
2013	895.90	23.92	170.28
2019	970.60	25.91	192.77

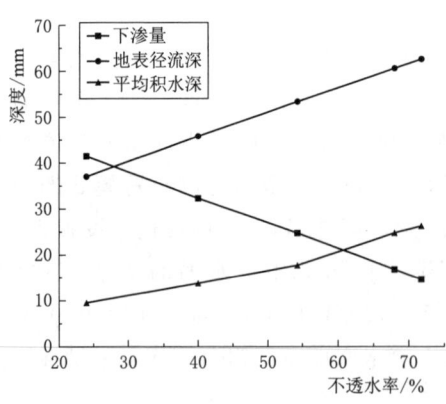

图 5.8 20190802 场次不同中心城区不透水面情景下水文要素变化图

从下渗量、地表径流深和平均积水深等水文要素随不透水面变化图（见图 5.8）可以更直观地发现中心城区的水文要素变化特征，平均不透水率为 24.08% 时，下渗量大于地表径流深，之后随着中心城区不透水率的增加，下渗量不断减少，地表径流深不断增加。下渗量与地表径流深和中心城区不透水率呈线性关系，平均积水深度在 2004—2019 年不透水率从 54.36% 变化到 71.85% 时增长速度加快。

统计内涝积水深度的面积变化可知（见表 5.10），不透水面分布情况从 1986 年增长到 2019 年后，地表淹没面积将增加 9.81km², 淹没面积增长率为 142.79%, 各积水深度区间内的面积增加的程度不同, 其中面积占比最大的 0.15~0.50m 积水深度区间的面积从 3.68km² 增加到 8.73km², 增长了 137.23%, 积水深度大于 2m 的面积增长率最大, 2019 年较 1986 年增加了 230%。虽然各积水深度区间面积增加的程度不同, 但各区间的面积分布大小顺序基本不变, 0.15~0.50m 积水深度区间的面积占比始终保持最大, 大于 2m 的面积占比最小。

表 5.10　1986 年与 2019 年不透水面情景下 20190802 场次内涝分布对比

积水深度/m	面　积/km²	
	Imp_{2019}	Imp_{1986}
0.10~0.15	2.96	1.28
0.15~0.50	8.73	3.68
0.50~1.00	3.44	1.31
1.00~2.00	1.22	0.50
>2.00	0.33	0.10
合计	16.68	6.87

表 5.11 为 20200807 场次的不透水面年代变化情景模拟结果, 下渗量与地表产流量的变化特征与 20190802 场次一致, 不透水率从 24.08% 增加到 71.85% 后, 下渗量从 1560.77 万 m³ 降低到 555.15 万 m³, 降低了 64.43%; 地表产流量从 793.04 万 m³ 增加到 1752.67 万 m³, 增加了 121.01%; 产流系数从 0.33 增加到 0.74, 积滞水量从 53.28 万 m³ 增加到 357.90 万 m³（表 5.12）, 平均积水深从 1.42mm 增加到 9.56mm, 增长率为 573.24%, 增长幅度大于 20190802 场次。

表 5.11　不同年代不透水面情景下 20200807 场次内涝模拟结果

情景	下渗量/万 m³	下渗深/mm	地表产流量/万 m³	地表径流深/mm	产流系数
1986	1560.77	40.86	793.04	20.76	0.33
1995	1218.93	31.91	1118.27	29.28	0.47
2004	912.98	23.90	1409.69	36.91	0.59
2013	624.88	16.36	1683.15	44.07	0.71
2019	555.15	14.44	1752.67	45.89	0.74

图 5.9 展示了 20200807 场次中的下渗量、地表径流深和平均积水深等水文要素随不透水面变化。可以发现, 下渗量与地表径流深和中心城区不透水率同样呈线性关系, 平均积水深与 20190802 场次情况相同, 均在不透水率从 54.36% 变化到 71.85% 时增长速度加快。

表5.12 不同年代不透水面情景下20200807场次积水情况变化

情 景	积滞水量/万 m³	平均积水深/mm	增长率/%
1986	53.28	1.42	—
1995	113.26	3.02	112.68
2004	172.17	4.60	223.94
2013	309.25	8.26	481.69
2019	357.90	9.56	573.24

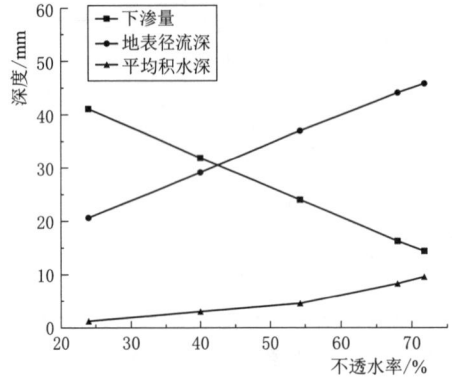

图5.9 20200807场次不同中心城区不透水面情景下水文要素变化图

表5.13展示了20200807场次暴雨在1986年与2019年不透水面情景下的内涝积水分布变化情况,不透水面分布情况从1986年增长到2019年后,20200807场次暴雨内涝积水面积增加了3.55km²,增长率为275.19%,增长速度大于20190802场次。其中大于2m的积水深度区间面积变化最大,1986年不透水面情景下20190802场次暴雨不会产生2m以上的积水,而到了2019年,2m以上积水增加到0.11km²。1~2m积水深度区间,1986年情景下面积为0.05km²,2019年情景下增加了0.36km²,增加率为720%。面积占比最大的0.15~0.5m积水深度区间增加了1.76km²,增长率为212.05%。

表5.13 1986年与2019年不透水面情景下20200807场次内涝分布对比

积水深度/m	面 积/km²	
	Imp₂₀₁₉	Imp₁₉₈₆
0.10~0.15	0.69	0.19
0.15~0.50	2.59	0.83
0.50~1.00	1.04	0.22
1.00~2.00	0.41	0.05
>2.00	0.11	0.00
合计	4.84	1.29

总体来看,不透水面增加减少了降雨的下渗量,增加了地表产流量,使产流系数增大。两个场次在2004—2019年不透水率从54.36%增长到71.85%时,平均

积水深度增长速度加快。降雨强度较小的 20200807 场次平均积水深的增加幅度 (573.24%) 要大于 20190802 场次 (192.77%),说明降雨强度较小的内涝积水事件受到不透水面变化的影响较大。当降雨强度较大时,降雨落到地面来不及下渗就产生了径流,从而使地表的性质接近于不透水面,因此在降雨强度大的暴雨场次中,不透水面变化对于积水的影响程度较小。在 20190802 和 20200807 场次的内涝分布情况中,0.15~0.5m 积水深度区间的面积最大,积水深度大于 2m 的面积最小。当不透水面从 1986 年增长到 2019 年时,积水深度大于 2m 的面积受到不透水面变化的影响最大。20200807 场次的积水面积增长率大于 20190802 场次。

5.3.2 不透水面有效性对城区内涝的影响

进一步模拟分析不透水面的空间组合方式对暴雨内涝的影响,如表 5.14 所示,20190802 场次的 P0 情景下,下渗量为 539.86 万 m^3,地表产流量为 2375.72 万 m^3,产流系数为 0.795。随着有效不透水面比例减少,研究区的下渗量逐渐增加,地表产流减少,但下渗量和产流量的增加和减少的幅度逐渐下降。不透水面有效性从 100% 降低到 25% 后,下渗量增加了 13.11%,达到了 610.63 万 m^3,产流量减少了 2.97%,降为 2305.17 万 m^3,产流系数从 0.795 减小到了 0.771。积滞水深则产生了不同的变化(见表 5.15),当不透水面有效性减少 25% 时(P25),积水量削减强度最大,平均积水深减少了 0.96%,不透水面有效性减少 50% 时(P50),平均积水深持续减小,减少了 1.20%,但积水削减强度降低,而不透水面有效性减少 75% 时(P75),平均积水深仅减少了 1.08%,削减程度略小于 P50 情景。

表 5.14 不同不透水面有效性情景下 20190802 场次内涝模拟结果

情景	下渗量/万 m^3	下渗深/mm	地表产流量/万 m^3	地表径流深/mm	产流系数
P0	539.86	14.13	2375.72	62.20	0.795
P25	572.49	14.99	2343.16	61.35	0.784
P50	593.62	15.54	2322.10	60.79	0.777
P75	610.63	15.99	2305.17	60.35	0.771

表 5.15 不同不透水面有效性情景下 20190802 场次积水情况变化

情景	积滞水量/万 m^3	平均积水深/mm	变化率/%
P0	970.60	25.91	—
P25	960.97	25.66	−0.96
P50	958.93	25.60	−1.20
P75	959.89	25.63	−1.08

由表 5.16 和表 5.17 可以看出，20200807 场次在 P0 情景下的下渗量为 555.15 万 m^3，地表产流量为 1752.67 万 m^3，产流系数为 0.74。随着不透水面有效性比例减少，研究区的下渗量增加，地表产流和产流系数减少。不透水面有效性从 100% 降低到 25% 后，下渗量增加至 715.79 万 m^3，增加了 28.94%，地表产流量减少了 9.37%，为 1588.43 万 m^3，产流系数降至 0.67，变化幅度均大于 20190802 场次。积水的变化与 20190802 场次一致，在 P25 情景时积水变化强度最大，不透水面有效性减少 25% 后（P25），平均积水深减少了 2.41%，P50 情景变化强度降低，不透水面有效性从减少 25% 到减少 50%，积水量的削减程度仅增加了 0.41%。P75 情景下平均积水深减少 2.72%，小于 P50 情景。

表 5.16　不同不透水面有效性情景下 20200807 场次内涝模拟结果

情景	下渗量/万 m^3	下渗深/mm	地表产流量/万 m^3	地表径流深/mm	产流系数
P0	555.15	14.44	1752.67	45.89	0.74
P25	629.70	16.49	1674.51	43.84	0.70
P50	678.17	17.76	1626.04	42.57	0.68
P75	715.79	18.74	1588.43	41.59	0.67

表 5.17　不同不透水面有效性情景下 20200807 场次积水情况变化

情景	积滞水量/万 m^3	平均积水深/mm	变化率/%
P0	357.90	9.56	—
P25	349.59	9.33	−2.41
P50	347.99	9.29	−2.82
P75	348.31	9.30	−2.72

分析子汇水区的排水过程可知，非有效不透水面的产流首先流经透水面，对非有效不透水面的产流进行二次下渗，达到减少积滞水量的效果，但透水面的面积有限，在达到透水面的最大下渗强度之后，非有效不透水面增加，透水面对非有效不透水面产流的削减效率就会减弱，这也是 P50 情景下，平均积水深度减少强度小于 P25 的原因。而非有效不透水面继续增加时，流经透水面的水量过大，汇入排水管网的速度有限，不能满足水量的排出速度，将无法有效降低积水量，因此 P75 情景下的积水削减量小于 P25。

在相同情景下，20200807 场次的下渗量、地表产流量和平均积滞水深比 20190802 场次下的变化幅度大，说明降雨强度较小的内涝积水事件受到不透水面空间组合方式的影响更大。另外，不透水面有效性比例减少时，对下渗量和产流量的作用效率逐渐降低，不透水面有效性减少 25% 时，对于减轻内涝程度的效益更加明显。在对城市进行雨洪管理时，不必一味地追求降低不透水面的有效性，合理配比不透水面的空间组合方式可以使减灾效益最大化。

5.4 本章小结

本章运用情景分析的方法模拟不透水面变化引发的水文效应，首先对情景设计中的不透水面参数进行提取和分析，为情景模拟提供驱动数据。接着设置了不透水面年代变化情景，定量分析了典型暴雨的洪水、内涝的变化规律，为了排除不透水面分布与降雨中心相对位置对洪水过程的影响，还分析了不透水面年代变化在设计暴雨下对洪量、洪峰的影响。设置不透水面有效性情景，定量分析不同的不透水面空间组合方式在典型暴雨内涝中的响应机制。得出的主要结论如下：

（1）在流域洪水方面，不透水面的增加会给洪量和洪峰带来不同程度的增长，不透水面变化对洪峰的影响大于洪量，洪水量级小和重现期高的暴雨洪水对于不透水面的变化更为敏感。流域不透水面从1986年增长到2013年期间，洪量和洪峰的增长速度有减缓趋势，但不透水面从2013年增长到2019年时洪量和洪峰的增长速度又有所提高。

（2）在城区内涝方面，中心城区不透水面增加减少了下渗量，增加了地表产流量和产流系数。降雨强度较小的20200807场次平均积水深的增加幅度（573.24%）要大于20190802场次（192.77%），说明降雨强度较小的内涝积水事件受到不透水面的影响较大。两个场次在2004—2019年不透水率从54.36%增加到71.85%时，平均积水深度增长速度最快。当不透水面从1986年增长到2019年时，积水深度大于2m的面积受到不透水面变化的影响最大。中心城区不透水面中的有效不透水面比例降低会增加下渗量、减少产流量，当有效不透水面比例减少25%时，减轻内涝程度的效果最为明显，20190802和20200807场次的平均积水深分别减少了0.96%和2.41%，这也表明降雨强度较小的内涝积水事件受到空间组合方式的影响较大。

第 6 章

郑州"7·20"特大暴雨洪涝案例应用

2021年7月17—23日，郑州市发生了罕见的极端降雨过程，降雨级别达到了千年一遇，造成了严重的河道漫溢、城区内涝、流域洪水等灾害，给人民生命财产安全带来了重创。本章首先分析了郑州"7·20"特大暴雨洪涝的降雨特征和洪涝情况，接着根据收集到的降雨、径流以及水库调度资料，驱动前文构建的郑州市贾鲁河流域水文水动力耦合模型，对郑州"7·20"特大暴雨洪涝灾害进行全过程模拟，分析流域洪水和中心城区内涝积水情况。最后设置不透水面年代变化情景和中心城区不透水面有效性情景，分析不透水面变化对于极端暴雨灾害事件的影响。

6.1 郑州"7·20"特大暴雨洪涝特征分析

郑州"7·20"特大暴雨有降雨强度大、持续时间长、影响范围广等特点，本次暴雨主要集中在7月19—22日，根据收集到的研究区周围26个雨量站的实测降雨情况进行统计分析（见图6.1），发现4d内研究区累计降雨量在239.5～805.6mm之间，累计总降雨量高达9.98亿 m^3，折合日均降雨量为123.81mm。中原区、二七区老城区的降雨强度最大，最高累计点雨量纪录发生在常庄站，累计点雨量为805.6mm，最大小时雨强146mm。流域下游中牟县附近的降雨量相对较少，但累计降雨量也在200mm以上。流域内的降雨强度远超郑州市的内涝防治标准[253]。

极端暴雨给流域内河道行洪带来了极大的压力，金水河上游的郭家嘴水库发生了漫坝事件，城区金水河出现塌方166处，漫溢情况严重，加重了城区内

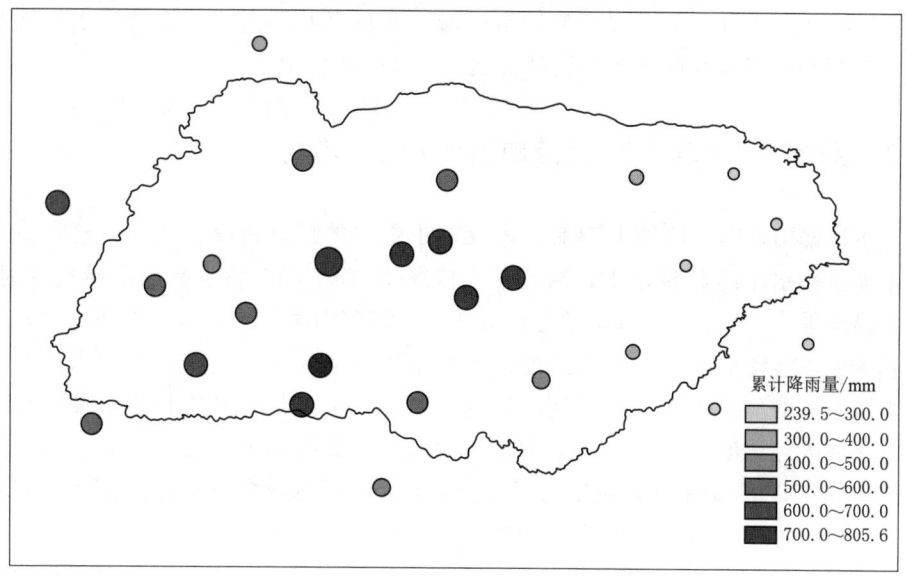

图 6.1 流域内各站点累计降雨量

涝积水情况。贾鲁河部分河段出现了漫堤。图 6.2 展示了流域上游尖岗、常庄两座中型水库的出库流量,出口中牟站的实测流量以及代表气象站郑州站的实测降雨过程。尖岗水库最大出库流量为 67.2m³/s,常庄水库的最大出库流量为 525m³/s[254],中牟站实测洪峰流量为 600m³/s,是前文提到的历史最大洪水过程,是 20190802 场次暴雨洪水洪峰流量的 2.45 倍。洪水的起涨和回落过程长达 6 天,洪峰洪量大、洪水历时长是本次洪水的特点。

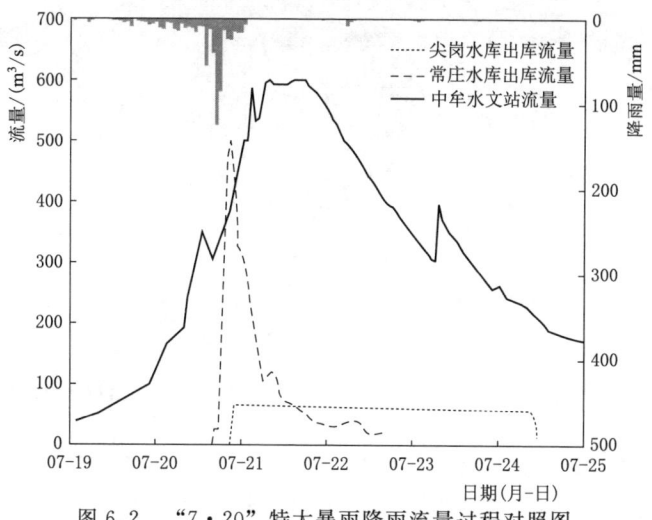

图 6.2 "7·20" 特大暴雨降雨流量过程对照图

极端暴雨还带来了大规模的城市内涝，郑州市城区大部分地区积水深度超过了 0.25m，部分地区积水深度甚至达到了 2m 以上[255]。

6.2 郑州"7·20"特大暴雨洪涝模拟与验证

本次暴雨期间，流域上游的水库发挥了重要的拦洪错峰作用，在进行模拟时不能忽略水库的调蓄作用，因此，模拟郑州"7·20"特大暴雨洪涝过程时，参考姚运等[27]对于水库调蓄的处理方法，在模型中原有的尖岗、常庄两个水库的基础上，又增加了金水河上游的郭家嘴水库、十八里河上游的刘湾水库和十七里河上游的林锦店水库和潮河上游的曹古寺水库模块，其中林锦店和曹古寺两个水库缺乏调度资料，采用刘湾水库的数据结合控制流域面积估算。索须河上游还分布有 10 个水库，调度情况较为复杂，但根据收集到的索须河入河口水位流量记录可知，7 月 20 日下午索须河满河道运行，洪水位距堤顶仅 40cm，相应的洪峰流量为 50m³/s。因此，本书根据索须河入河口的水位变化调查记录推求出索须河的入流流量，作为水源加入模型之中，针对郑州"7·20"特大暴雨洪涝模拟改进的耦合模型如图 6.3 所示。中心城区内涝模型的入流边界节点中，节点 1 为推求的索须河入流过程与贾鲁河边界左岸未包含中心城区模拟范围内部分的叠加，节点 2、3 不变，节点 4 为郭家嘴水库出流过程与水库至中心城区边界汇流区间的流量叠加，节点 5 为刘湾水库的出库流量过程，节点 6 为林锦店

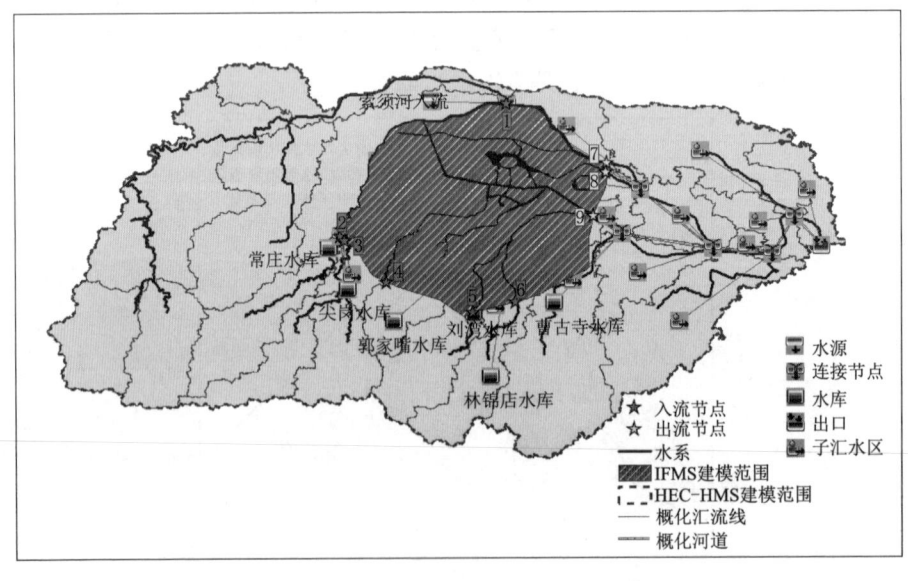

图 6.3 "7·20"特大暴雨洪涝模拟耦合模型示意图

水库出流过程与水库至中心城区边界汇流区间的流量叠加。出流边界不变，节点7~9仍然为熊耳河、十八里河和十七里河的边界出流。

由于第5章研究发现2016—2019年的参数模式更适用于新时期的暴雨产汇流特征，因此，在郑州"7·20"特大暴雨洪水模拟的参数率定时，产汇流参数在2016—2019年的参数模式基础上，以中牟水文站的实测流量为基准进行微调，模拟结果如表6.1所示，流域洪水模拟的洪量为17946.37万m^3，与实测洪量的相对误差为8.88%，模拟洪峰为645.6m^3/s，相对误差为7.6%，洪峰、洪量的相对误差均小于10%。观察图6.4的模拟与实测流量过程对比可以看出，模拟的洪水流量过程与实测值的相关性效果较好，相关系数为0.96，纳什系数为0.87，拟合程度也较高。模型对于郑州"7·20"特大暴雨洪水的模拟效果较好。

表6.1 "7·20"特大暴雨中牟站洪水模拟结果评价

洪 量			洪 峰			纳什系数	相关系数
模拟/万m^3	实测/万m^3	误差/%	模拟/(m^3/s)	实测/(m^3/s)	误差/%		
17946.37	16482.00	8.88	645.6	600.0	7.60	0.87	0.96

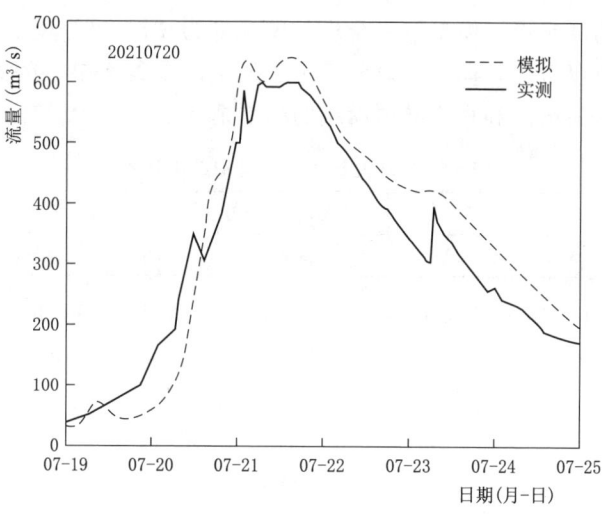

图6.4 "7·20"特大暴雨中牟站实测与模拟流量对比图

接下来是中心城区的内涝模拟，首先从流域洪水模拟成果中提取城区内涝模拟的边界入流，节点1~6的边界入流过程如图6.5所示。边界入流设置完成之后，对中心城区的内涝模型进行参数率定，率定结果以水文模拟的出入境流量差和内涝管网模拟的出入境水量差相对误差和模拟积水分布与积水调查情况对比结果综合评价。

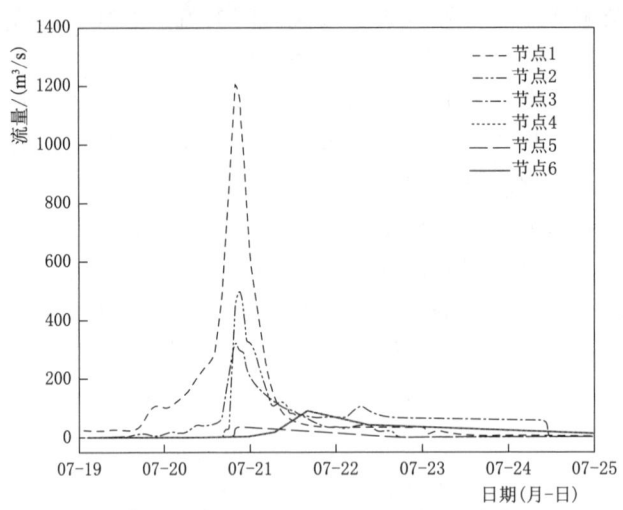

图 6.5　"7·20"特大暴雨边界入流节点流量过程图

如表 6.2 所示，"7·20"特大暴雨内涝模拟的 RQ 和 FR 均小于 1%，模型稳定性较好，水文流量差与管网模拟流量差的相对误差的绝对值在 20% 以内，从水量平衡的角度来说，模型较为合理。图 6.6 为"7·20"特大暴雨洪涝的淹没模拟成果，可以看出，模型有效模拟出了发生严重积水事件的五龙口停车场、郑州大学第一附属医院和京广隧道沿线的积水情况。

表 6.2　　　　　　　　"7·20"特大暴雨内涝模拟结果评价

场次	RQ/%	FR/%	水文流量差/万 m^3	管网流量差/万 m^3	相对误差/%
20210721	−0.013	0.103	6627.95	5331.53	−19.56

统计"7·20"特大暴雨中心城区的地表淹没模拟结果可知（见表 6.3），中心城区 374.55km^2 范围内，积水面积为 141.76km^2，占总面积的 37.85%。其中 0.15~0.50m 深度区间面积为 43.08km^2，面积占比最高，为 30.39%，其次为 0.50~1.00m 深度区间，面积为 39.34km^2，与 20190802 和 20200807 场次不同的是，2m 以上深度分布面积不再是占比最小的深度区间，"7·20"特大暴雨 2m 以上深度面积为 13.69km^2，0.10~0.15m 的积水面积最小，为 9.95km^2。

表 6.3　　　　　　　　"7·20"特大暴雨洪涝中心城区积水情况

积水深度/m	0.10~0.15	0.15~0.50	0.50~1.00	1.00~2.00	>2.00	汇总
面积/km^2	9.95	43.08	39.34	35.70	13.69	141.76

本书还收集了一些积水点的调查水深[255,257]，进一步评价模型对于中心城区淹没情况的模拟效果。如表 6.4 所示，15 个积水点中除了个别点位的误差较大

之外，整体上与实际调查的积水深度较为符合，平均相对误差为-14.48%。分析误差原因，可能与模型采用的DEM数据与实际情况有出入有关。另部分地区排水管网老化，排水能力无法达到设计防涝排放标准，这可能是造成模型模拟值偏小的原因。综合洪水和内涝的模拟效果来看，本书提出的城市一二维水文水动力耦合模型对于"7·20"特大暴雨洪涝过程模拟效果较好，可以支持接下来对于"7·20"特大暴雨灾害事件的不透水面情景模拟。

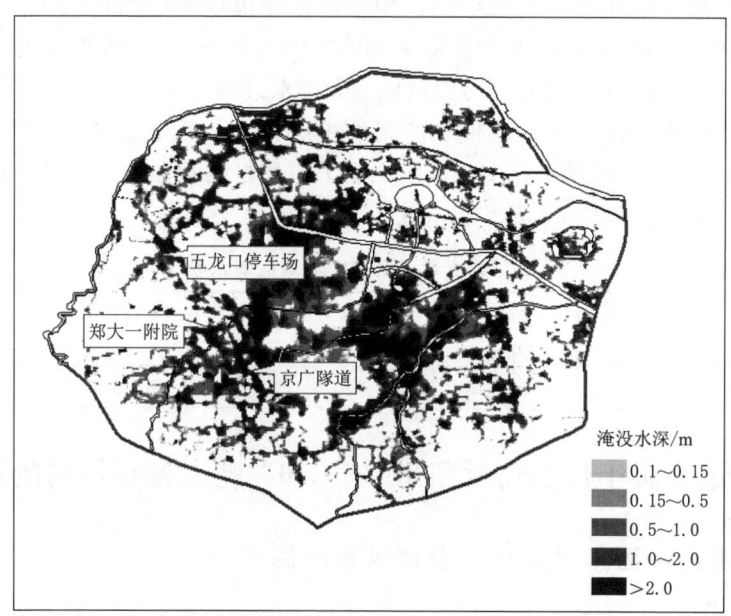

图 6.6　"7·20"特大暴雨地表淹没风险图

表 6.4　　　　　　"7·20"特大暴雨积水点结果评价

积　水　点	调查平均水深/m	模拟水深/m	相对误差/%
航海路与工人路交叉口	0.55	0.46	-16.36
经开第三大街与南三环交叉口	0.50	0.40	-20.00
伊河路与桐柏路交叉口	0.40	0.21	-47.5
航海路与东三环交叉口	2.00	0.74	-63.00
金杯路（三全路至银河路）	0.40	0.49	22.50
金水路与未来路交叉口西南西北角	0.40	0.36	-10.00
城东路（城北路至郑汴路）	1.10	1.12	1.82
嵩山路（中原路至伊河路）	0.50	0.43	-14.00
经开第八大街（经南四路至经南五路）	0.70	0.65	-7.14
连霍高速与花园路交叉口	0.60	0.63	5.00

续表

积 水 点	调查平均水深/m	模拟水深/m	相对误差/%
航海路万达6号院	0.60	0.54	−10.00
黄河路与花园路交叉口	2.90	2.16	−25.52
沙口路与黄河路交叉口	2.20	2.11	−4.09

分析模拟结果可知（见表6.5），中心城区降雨量达到23000.93万 m^3，下渗量为1947.42万 m^3，地表产流量为208833.95万 m^3，积滞水量为13647.46万 m^3，产流系数高达0.906。历史流域最大洪水过程20190802场次暴雨洪水在中心城区的产流系数为0.76，地表产流量和积水量在千万立方米级别，相比之下"7·20"特大暴雨洪涝在中心城区产生了超规格的积滞水量，地表淹没比例高达37.85%，造成了巨大的内涝灾害。

表6.5　　　　"7·20"特大暴雨洪涝中心城区积水情况

降雨量/万 m^3	降雨深/mm	下渗量/万 m^3	下渗深/mm	地表产流量/万 m^3	地表径流深/mm	积滞水量/万 m^3
23000.93	602.17	1947.42	50.99	20833.95	545.45	13647.46

6.3　不透水面年代变化对郑州"7·20"特大暴雨洪涝的影响

6.3.1　不透水面年代变化对流域洪水的影响

同样设置不同年代不透水面变化情景，分析城市化发展带来的不透水面变化对极端暴雨事件造成的影响。如表6.6所示，流域不透水率从1986年情景的7.90%增加到2019年的35.53%，洪量增长了19.87%，洪峰增长了24.93%，洪峰的增长强度大于洪量，说明洪峰对于不透水面变化的响应程度更高。由图6.7可知，洪量的增长率随着不透水率的增加呈线性增长趋势，但洪峰在不透水面2013—2019年变化时，增长速度加快。

表6.6　　　　不同年代不透水面情景下"7·20"特大暴雨中牟站洪量、洪峰变化

情景	模拟洪量/万 m^3	增长率/%	增长强度/%	模拟洪峰/（m^3/s）	增长率/%	增长强度/%
2019	18002.62	19.87	0.72	643.9	24.93	0.90
2013	17238.22	14.78	0.73	604.3	17.25	0.85
2004	16438.11	9.45	0.73	570.8	10.75	0.83
1995	15893.91	5.83	0.76	550.0	6.71	0.87
1986	15018.88	—	—	515.4	—	—

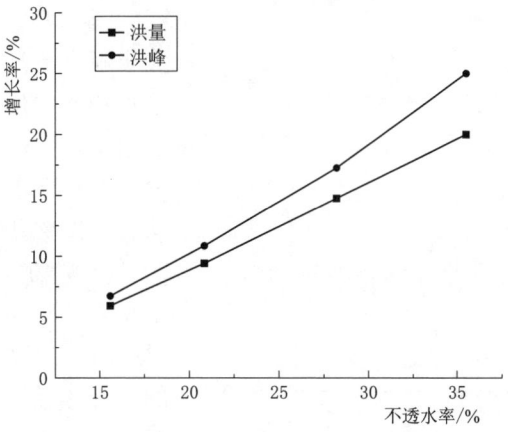

图 6.7 不同年代不透水面情景下 "7·20" 特大暴雨中牟站洪量、洪峰增长率图

6.3.2 不透水面年代变化对城区内涝的影响

如表 6.7 和表 6.8 所示，"7·20" 特大暴雨在不同不透水面年代变化情景中，中心城区不透水面从 1986 年增加到 2019 年，下渗量从 4368.70 万 m^3 降低到 1610.59 万 m^3，降低了 63.13%；地表产流量从 18268.47 万 m^3 增加到 21172.49 万 m^3，增加了 15.90%；产流系数从 0.794 增加到 0.921。积滞水量从 12054.85 万 m^3 增加到 13867.32 万 m^3，增加了 15.04%。

表 6.7　不同年代不透水面情景下 "7·20" 特大暴雨内涝模拟结果

情景	下渗量/万 m^3	下渗深/mm	地表产流量/万 m^3	地表径流深/mm	产流系数
1986	4368.70	114.38	18268.47	478.28	0.794
1995	3420.23	89.54	19271.85	504.55	0.838
2004	2609.33	68.31	20123.64	526.85	0.875
2013	1819.68	47.64	20956.12	548.65	0.911
2019	1610.59	42.17	21172.49	554.31	0.921

表 6.8　不同年代不透水面情景下 "7·20" 特大暴雨积水情况变化

情景	积滞水量/万 m^3	平均积水深/mm	增长率/%
1986	12054.85	32.18	—
1995	12630.22	33.72	4.77
2004	12911.86	34.47	7.11
2013	13695.93	36.57	13.61
2019	13867.32	37.02	15.04

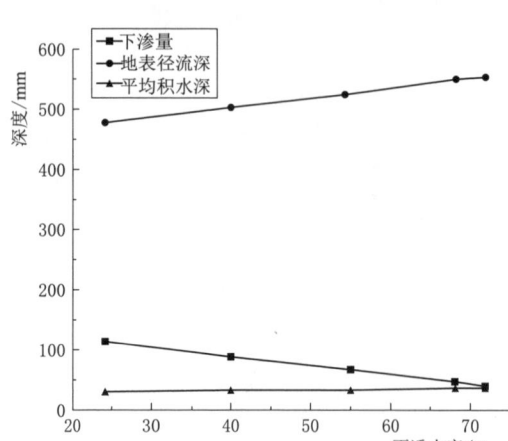

图 6.8 "7·20"特大暴雨不同中心城区不透水面情景下水文要素变化图

图 6.8 显示了"7·20"特大暴雨中下渗量、地表径流深和平均积水深度等水文要素随不透水面变化。中心城区的地表径流深始终在下渗量的 4 倍以上，平均积水深度与 20190802 和 20200807 场次情况相同，在不透水率从 54.36% 变化到 71.85% 时的增长速度最快，但水文要素的变化幅度均小于 20190802 和 20200807 两个场次。

统计 1986 年和 2019 年情景下的内涝分布可知（见表 6.9），中心城区的地表淹没范围在 1986 年情景下为 136.53km²，不透水面增长到 2019 年后，地表淹没范围增加了 9.05km²，增长率为 6.63%，其中 1.00～2.00m 积水深度区间面积增长幅度最大，为 11.77%。

表 6.9　1986 年与 2019 年不透水面情景下"7·20"特大暴雨内涝分布对比

积水深度/m	面积/km²	
	Imp_{2019}	Imp_{1985}
0.10～0.15	9.62	9.69
0.15～0.50	43.49	42.68
0.50～1.00	39.69	36.88
1.00～2.00	37.42	33.48
≥2.00	15.36	13.80
合计	145.58	136.53

6.4　不透水面有效性对郑州"7·20"特大暴雨内涝的影响

改变"7·20"特大暴雨洪涝下中心城区的不透水面有效性，观察研究区地表产汇流变化情况。如表 6.10 所示，随着不透水面有效性比例减少，研究区下渗量逐渐增加，地表产流量减少，与常规洪水规律相同，下渗量和产流量的变化强度逐渐减小。不透水面有效性从 100% 降低到 25% 后，下渗量增加到 1725.21 万 m³，增加了 7.12%，地表产流量减少到 21024.27 万 m³，减少了

0.70%，产流系数从 0.921 减少到了 0.914。

表 6.10 不同不透水面有效性情景下"7·20"特大暴雨内涝模拟结果

情景	下渗量/万 m³	下渗深/mm	地表产流量/万 m³	地表径流深/mm	产流系数
P0	1610.59	42.17	21172.49	554.31	0.921
P25	1670.01	43.72	21099.29	552.39	0.917
P50	1702.56	44.57	21056.12	551.26	0.915
P75	1725.21	45.17	21024.27	550.43	0.914

表 6.11 展示了不同有效性情景下，"7·20"特大暴雨场次造成的中心城区积水情况的变化，随着有效不透水面的比例减少，积滞水量也在不断减少，不透水面有效性从 100% 减少到 25% 时，积滞水量减少到 13854.65 万 m³，平均积水深减少到 36.99mm，减少了 0.08%。积滞水量在有效性从 100% 减少到 75% 时，积滞水量的削减强度最大。但相较于常规洪水，不透水面有效性变化对"7·20"特大暴雨造成的积水情况影响有限。

表 6.11 不同不透水面有效性情景下"7·20"特大暴雨积水情况变化

情景	积滞水量/万 m³	平均积水深/mm	变化率/%
P0	13867.32	37.02	—
P25	13857.97	37.00	−0.05
P50	13854.78	36.99	−0.08
P75	13854.65	36.99	−0.08

6.5 本章小结

本章根据郑州"7·20"特大暴雨洪涝事件的水库调度情况与河道调研水位流量情况，优化了郑州市贾鲁河流域水文水动力耦合模型，针对 2021 年发生的郑州"7·20"特大暴雨洪涝进行了复盘模拟，分析流域洪水和中心城区内涝积水情况。从不透水面年代变化情景和有效性情景两个方面分析了不透水面变化对于极端暴雨灾害事件的影响。得出的主要结论如下：

（1）郑州"7·20"特大暴雨具有降雨强度大、持续时间长、影响范围广的特点，形成了历史最大洪水过程，洪峰流量高达 600m³/s，造成了严重的河道漫溢、城市内涝和流域洪水灾害。采用优化后的郑州市贾鲁河流域水文水动力耦合模型模拟郑州"7·20"特大暴雨洪涝过程，出口洪峰流量和洪量的相对误差在 10% 以内，纳什系数为 0.87，相关系数为 0.96，中心城区出入境水量差相对误差的绝对值小于 20%，积水点水深平均绝对误差为 21.35%，模型对郑州"7·20"

特大暴雨的洪水和内涝模拟效果较好，证明了本书提出的城市化流域水文水动力模型在极端暴雨模拟中的适用性。模拟得到中心城区产流系数为 0.906，积滞水量高达 13647.46 万 m^3，地表淹没面积为 141.76km^2，占中心城区面积的 37.85%，其中面积占比最高的是 0.15~0.50m 深度区间，其次为 0.50~1.00m 深度区间，2m 以上深度分布面积为 13.69km^2，"7·20"特大暴雨给城区带来了巨大的内涝灾害。

（2）不透水面变化对"7·20"特大暴雨造成的洪峰洪量和积水影响规律与 20190802 和 20200807 场次基本一致，但由于降雨强度过大，不透水面在"7·20"特大暴雨中的影响程度较小，不透水面从 1986 年变化到 2019 年，洪量增加了 19.87%，洪峰增加了 24.93%，积水量增加了 15.04%，不透水面从 1986 年增加到 2019 年时，地表淹没面积增加了 6.63%，其中 1.00~2.00m 积水深度区间面积受到不透水面变化的影响最大，增加了 11.77%。不透水面有效性变化仅为积水量带来了小于 0.1% 的变化，说明不透水面有效性对于极端暴雨来说影响有限。

附 录

附图1　2m不透水面提取结果

附图2　10m不透水面提取结果

附图 3　16m 不透水面提取结果

附图 4　30m 不透水面提取结果

附图 5　50m 不透水面提取结果

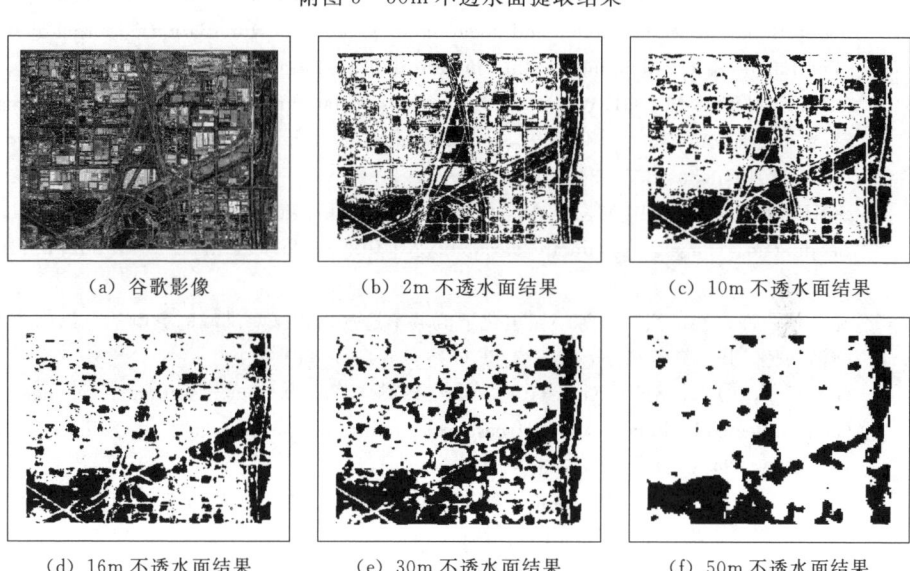

附图 6　不同空间分辨率不透水面提取结果局部对比

参考文献

[1] Nations U. The World's cities in 2018 [R]. Department of Economic and Social Affairs, Population Division, World Urbanization Prospects, 2018: 1-34.

[2] 王浩, 王佳, 刘家宏, 等. 城市水循环演变及对策分析 [J]. 水利学报, 2021, 52 (1): 3-11.

[3] 姜智绘, 廖云杰, 谢文霞, 等. 透水/不透水格局特征对汇水单元径流污染的影响 [J]. 环境科学, 2020, 41 (10): 4599-4606.

[4] SHI Z, XU X, JIA G. Urbanization magnified nighttime heat waves in China [J]. Geophysical Research Letters, 2021, 48 (15): e2021GL093603.

[5] SUN Z, DU W, JIANG H, et al. Global 10-m impervious surface area mapping: A big earth data based extraction and updating approach [J]. International Journal of Applied Earth Observation and Geoinformation, 2022, 109: 102800.

[6] YAN Z, TENG M, HE W, et al. Impervious surface area is a key predictor for urban plant diversity in a city undergone rapid urbanization [J]. Science of the Total Environment, 2019, 650: 335-342.

[7] SOHN W, KIM J, LI M, et al. How does increasing impervious surfaces affect urban flooding in response to climate variability? [J]. Ecological Indicators, 2020, 118: 106774.

[8] 孙延伟, 许有鹏, 高斌, 等. 城镇化下流域不透水面扩张对洪峰的影响——以南京秦淮河为例 [J]. 湖泊科学, 2021, 33 (5): 1574-1583.

[9] GONG P, LI X, ZHANG W. 40-Year (1978-2017) human settlement changes in China reflected by impervious surfaces from satellite remote sensing [J]. Science Bulletin, 2019, 64 (11): 756-763.

[10] 梅超, 刘家宏, 王浩, 等. 城市下垫面空间特征对地表产汇流过程的影响研究综述 [J]. 水科学进展, 2021, 32 (5): 791-800.

[11] WENG Q. Remote sensing of impervious surfaces in the urban areas: Requirements, methods, and trends [J]. Remote Sensing of Environment, 2012, 117: 34-49.

[12] LI J, PEI Y, ZHAO S, et al. A review of remote sensing for environmental monitoring in China [J]. Remote Sensing, 2020, 12 (7): 1130.

[13] Peroni F, Pappalardo S E, Facchinelli F, et al. How to map soil sealing, land take and impervious surfaces? A systematic review [J]. Environmental Research Letters, 2022, 17 (5): 053005.

[14] CHEN R, LI X, ZHANG Y, et al. Spatiotemporal Continuous Impervious Surface Mapping by Fusion of Landsat Time Series Data and Google Earth Imagery [J]. Re-

mote sensing (Basel, Switzerland), 2021, 13 (12): 2409.

[15] SHAO Z, FU H, LI D, et al. Remote sensing monitoring of multi-scale watersheds impermeability for urban hydrological evaluation [J]. Remote Sensing of Environment, 2019, 232: 111338.

[16] Sarkar Chaudhuri A, Singh P, Rai S C. Assessment of impervious surface growth in urban environment through remote sensing estimates [J]. Environmental Earth Sciences, 2017, 76 (15).

[17] 叶章熙, 郭倩, 张健, 等. 基于无人机可见光影像与OBIA-RF算法的城市不透水面提取 [J]. 农业工程学报, 2022, 38 (4): 225-234.

[18] WANG Y, LI M. Urban Impervious Surface Detection From Remote Sensing Images: A review of the methods and challenges [J]. IEEE Geoscience and Remote Sensing Magazine, 2019, 7 (3): 64-93.

[19] 梅超. 城市水文水动力耦合模型及其应用研究 [D]. 北京: 中国水利水电科学研究院, 2019.

[20] Shuster W D, Bonta J, Thurston H, et al. Impacts of impervious surface on watershed hydrology: A review [J]. Urban Water Journal, 2005, 2 (4): 263-275.

[21] Fletcher T D, Andrieu H, Hamel P. Understanding, management and modelling of urban hydrology and its consequences for receiving waters: A state of the art [J]. Advances in water resources, 2013, 51: 261-279.

[22] 刘家宏, 梅超, 向晨瑶, 等. 城市水文模型原理 [J]. 水利水电技术, 2017, 48 (5): 1-5.

[23] 张建云, 宋晓猛, 王国庆, 等. 变化环境下城市水文学的发展与挑战——I. 城市水文效应 [J]. 水科学进展, 2014, 25 (4): 594-605.

[24] 徐宗学, 叶陈雷. 从"城市看海"到"城市看江": 极端暴雨情景下福州市洪涝过程模拟与风险分析 [J]. 中国防汛抗旱, 2021, 31 (9): 12-20.

[25] HU C, XIA J, SHE D, et al. A new urban hydrological model considering various land covers for flood simulation [J]. Journal of Hydrology, 2021, 603: 126833.

[26] 孙娟. 国务院: 支持郑州建设国家中心城市 [N]. 郑州日报, 2016-12-27 (1).

[27] 姚远, 曲伟, 柴福鑫, 等. 2021年郑州"7·20"特大暴雨洪水模拟与分析 [J]. 中国防汛抗旱, 2022, 32 (5): 1-4.

[28] TANG F, XU H. Impervious Surface Information Extraction Based on Hyperspectral Remote Sensing Imagery [J]. Remote Sensing, 2017, 9 (6): 550.

[29] JI M, JENSEN J R. Effectiveness of subpixel analysis in detecting and quantifying urban imperviousness from Landsat Thematic Mapper imagery [J]. Geocarto International, 1999, 14 (4): 33-41.

[30] WU C, MURRAY A T. Estimating impervious surface distribution by spectral mixture analysis [J]. Remote Sensing of Environment, 2003, 84 (4): 493-505.

[31] RIDD M K. Exploring a V-I-S (Vegetation-impervious Surface-soil) Model for Urban Ecosystem Analysis Through Remote Sensing: Comparative Anatomy for Cities [J]. International Journal of Remote Sensing, 1995, 16 (12): 2165-2185.

[32] POWELL S L, COHEN W B, YANG Z, et al. Quantification of impervious surface in the Snohomish Water Resources Inventory Area of Western Washington from 1972 - 2006 [J]. Remote Sensing of Environment, 2008, 112 (4): 1895-1908.

[33] YANG G, BOWLING L C, CHERKAUER K A, et al. Hydroclimatic Response of Watersheds to Urban Intensity: An Observational and Modeling-Based Analysis for the White River Basin, Indiana [J]. Journal of Hydrometeorology, 2010, 11 (1): 122-138.

[34] SUN Z, WANG C, GUO H, et al. A Modified Normalized Difference Impervious Surface Index (MNDISI) for Automatic Urban Mapping from Landsat Imagery [J]. Remote Sensing, 2017, 9 (9): 942.

[35] 徐涵秋. 城市不透水面与相关城市生态要素关系的定量分析 [J]. 生态学报, 2009, 29 (5): 2456-2462.

[36] DENG C, WU C. BCI: A biophysical composition index for remote sensing of ur ban environments [J]. Remote Sensing of Environment, 2012, 127: 247-259.

[37] SUN G, CHEN X, JIA X, et al. Combinational Build-Up Index (CBI) for Effective Impervious Surface Mapping in Urban Areas [J]. IEEE Journal of Selected Topics in Applied Earth Observations and Remote Sensing, 2016, 9 (5): 2081-2092.

[38] SAWAYA K E, OLMANSON L G, HEINERT N J, et al. Extending satellite remote sensing to local scales: land and water resource monitoring using high-resolution imagery [J]. Remote Sensing of Environment, 2003, 88 (1-2): 144-156.

[39] HERWINDIATI D E, HENDRYLI J, HIRYANTO L. Impervious surface mapping using robust depth minimum vector variance regression [J]. European Journal of Sustainable Development, 2017, 6 (3): 29-39.

[40] YANG L, HUANG C, HOMER C G, et al. An approach for mapping large-area impervious surfaces: synergistic use of Landsat-7 ETM+ and high spatial resolution imagery [J]. Canadian Journal of Remote Sensing, 2003, 29 (2): 230-240.

[41] WANG J, WU Z, WU C, et al. Improving impervious surface estimation: an integrated method of classification and regression trees (CART) and linear spectral mixture analysis (LSMA) based on error analysis [J]. GIScience & Remote Sensing, 2017, 55 (4): 583-603.

[42] HU D, CHEN S, QIAO K, et al. Integrating CART algorithm and multi-source remote sensing data to estimate sub-pixel impervious surface coverage: a case study fro-m Beijing Municipality, China [J]. Chinese Geographical Science, 2017, 27 (4): 614-625.

[43] CORTES C, VAPNIK V. Support-vector networks [J]. Machine learning, 1995, 20 (3): 273-297.

[44] HE L, SHI Z. Spatiotemporal changes of impervious surface areas in Great Mekong Subregion from 1992 to 2019 [J]. Journal of Applied Remote Sensing, 2021, 15 (4): 048506.

[45] Misra M, Kumar D, Shekhar S. Assessing machine learning based supervised classifiers for built-up impervious surface area extraction from sentinel-2 images [J]. Urban

Forestry & Urban Greening, 2020, 53: 126714.

[46] ZHANG Y, ZHANG H, LIN H. Improving the impervious surface estimation with combined use of optical and SAR remote sensing images [J]. Remote Sensing of Environment, 2014, 141: 155-167.

[47] 程熙, 沈占锋, 骆剑承, 等. 利用混合光谱分解与SVM估算不透水面覆盖率 [J]. 遥感学报, 2011 (6): 128-141.

[48] 刘帅, 李琦. 组合核支持向量回归提取高光谱影像不透水面 [J]. 遥感学报, 2016, 20 (3): 420-430.

[49] HU X, WENG Q. Impervious surface area extraction from IKONOS imagery using an object-based fuzzy method [J]. Geocarto International, 2011, 26 (1): 3-20.

[50] SUN Z, ZHAO X, WU M, et al. Extracting Urban Impervious Surface from WorldView-2 and Airborne LiDAR Data Using 3D Convolutional Neural Networks [J]. Journal of the Indian Society of Remote Sensing, 2019, 47 (3): 401-412.

[51] 赵艺淞, 郜燕芳, 李俊明, 等. 基于随机森林模型的城市不透水面提取研究——以呼和浩特市为例 [J]. 冰川冻土, 2018, 40 (4): 828-836.

[52] 李培林, 刘小平, 黄应淮, 等. 基于GEE平台的广州市主城区不透水面时间序列提取 [J]. 地球信息科学学报, 2020, 22 (3): 638-648.

[53] 贾坤, 李强子, 田亦陈, 等. 遥感影像分类方法研究进展 [J]. 光谱学与光谱分析, 2011, 31 (10): 2618-2623.

[54] Gómez C, White J C, Wulder M A. Optical remotely sensed time series data for land cover classification: A review [J]. ISPRS Journal of Photogrammetry and Remote Sensing, 2016, 116: 55-72.

[55] 陈鑫亚. 基于多源遥感数据的山地城市不透水面覆盖率长期反演与监测 [D]. 昆明: 云南师范大学, 2022.

[56] BREIMAN L. Random Forests [J]. Machine Learning, 2001, 45: 5-32.

[57] HO T K. The random subspace method for constructing decision forests [J]. IEEE transactions on pattern analysis and machine intelligence, 1998, 20 (8): 832-844.

[58] BREIMAN L. Bagging predictors [J]. Machine learning, 1996, 24 (2): 123-140.

[59] PAL M. Random forest classifier for remote sensing classification [J]. International journal of remote sensing, 2005, 26 (1): 217-222.

[60] 周珂, 杨永清, 张俨娜, 等. 光学遥感影像土地利用分类方法综述 [J]. 科学技术与工程, 2021, 21 (32): 13603-13613.

[61] ZHOU T, ZHAO M, SUN C, et al. Exploring the impact of seasonality on urban land-cover mapping using multi-season sentinel-1a and gf-1 wfv images in a subtropical monsoon-climate region [J]. ISPRS International Journal of Geo-Information, 2017, 7 (1): 3.

[62] FENG Q, LIU J, GONG J. UAV remote sensing for urban vegetation mapping using random forest and texture analysis [J]. Remote sensing, 2015, 7 (1): 1074-1094.

[63] WANG J, ZHAO Y, LI C, et al. Mapping global land cover in 2001 and 2010 with spatial-temporal consistency at 250 m resolution [J]. ISPRS Journal of Photogramme-

try and Remote Sensing，2015，103：38 – 47.

[64] GONG P，CHEN B，LI X，et al. Mapping essential urban land use categories in China (EULUC-China)：Preliminary results for 2018 [J]. 2020，65（3）：182 – 187.

[65] 张肖. 全球30米地表覆盖定量遥感分类与制图研究 [D]. 北京：中国科学院大学（中国科学院空天信息创新研究院），2020.

[66] ZHANG X，LIU L，CHEN X，et al. Fine land-cover mapping in China using Landsat datacube and an operational SPECLib-based approach [J]. Remote Sensing，2019，11（9）：1056.

[67] CHEN J，CHEN J. GlobeLand30：Operational global land cover mapping and big-data analysis [J]. Science china-earth sciences，2018，61（10）：1533 – 1534.

[68] GONG P，LIU H，ZHANG M N，et al. Stable classification with limited sample：transferring a 30 – m resolution sample set collected in 2015 to mapping10 – m resolution global land cover in 2017 [J]. SCIENCE BULLETIN，2019，64（6）：370 – 373.

[69] 楼宇秦. 基于深度学习的不透水面提取及时空演变分析应用 [D]. 杭州：浙江大学，2021.

[70] 邰燕芳，李俊明，刘东伟，等. 基于随机森林模型的城市不透水面提取研究——以呼和浩特市为例 [J]. 冰川冻土，2018，40（4）：828 – 836.

[71] GUO X，ZHANG C，LUO W，et al. Urban Impervious Surface Extraction Based on Multi-Features and Random Forest [J]. IEEE Access，2020，8：226609 – 226623.

[72] Shrestha B，Ahmad S，Stephen H. Fusion of Sentinel – 1 and Sentinel – 2 data in mapping the impervious surfaces at city scale [J]. Environmental Monitoring and Assessment，2021，193（9）：1 – 21.

[73] DONG X，MENG Z，WANG Y，et al. Monitoring Spatiotemporal Changes of Impervious Surfaces in Beijing City Using Random Forest Algorithm and Textural Features [J]. Remote Sensing，2021，13（1）：153.

[74] 唐志光，邓刚，李少为，等. 基于Google Earth Engine的湖南省近30年不透水面时空变化研究 [J]. 地理与地理信息科学，2020，36（2）：41 – 46.

[75] TANG P，DU P，LIN C，et al. A novel sample selection method for impervious surface area mapping using JL1 – 3B nighttime light and Sentinel – 2 imagery [J]. IEEE Journal of Selected Topics in Applied Earth Observations and Remote Sensing，2020，13：3931 – 3941.

[76] ZHANG X，LIU L，WU C，et al. Development of a global 30 m impervious surface map using multisource and multitemporal remote sensing datasets with the Google Earth Engine platform [J]. Earth Syst. Sci. Data，2020，12（3）：1625 – 1648.

[77] ZHU C，ZHANG X，HUANG Q. Mapping fractional cropland covers in Brazil through integrating LSMA and SDI techniques applied to MODIS imagery [J]. International Journal of Agricultural and Biological Engineering，2019，12（1）：192 – 200.

[78] Attarchi S. Extracting impervious surfaces from full polarimetric SAR images in different urban areas [J]. International Journal of Remote Sensing，2020，41（12）：4644 – 4663.

[79] SUN Z, MENG Q. Object-based automatic multi-index built-up areas extraction method for WorldView－2 satellite imagery [J]. Geocarto International, 2020, 35 (8): 801－817.

[80] LIU X, HU G, AI B, et al. A Normalized Urban Areas Composite Index (NUACI) Based on Combination of DMSP-OLS and MODIS for Mapping Impervious Surface Area [J]. Remote Sensing, 2015, 7 (12): 17168－17189.

[81] Garg V, Aggarwal S P, Gupta P K, et al. Assessment of land use land cover change impact on hydrological regime of a basin [J]. Environmental Earth Sciences, 2017, 76 (18): 1－17.

[82] 李方刚, 李二珠, 阿里木·赛买提, 等. 融合多源时序遥感数据大尺度不透水面覆盖率估算 [J]. 遥感学报, 2020, 24 (10): 1243－1254.

[83] FU B, PENG Y, ZHAO J, et al. Driving forces of impervious surface in a world metropolitan area, Shanghai: threshold and scale effect [J]. Environmental monitoring and assessment, 2019, 191 (12): 1－13.

[84] YANG J, HUANG X. The 30 m annual land cover dataset and its dynamics in China from 1990 to 2019 [J]. Earth system science data, 2021, 13 (8): 3907－3925.

[85] HUANG X, LI J, YANG J, et al. 30 m global impervious surface area dynamics and urban expansion pattern observed by Landsat satellites: From 1972 to 2019 [J]. Science China Earth Sciences, 2021, 64 (11): 1922－1933.

[86] Zanaga D, Van De Kerchove R, De Keersmaecker W, et al. ESA WorldCover 10 m 2020 v100 [Z]. Zenodo, 2021.

[87] Karra K, Kontgis C, Statman-Weil Z, et al. Global land use/land cover with sentinel 2 and deep learning [C] //Brussels, Belgium, 2021. Institute of Electrical and Electronics Engineers Inc., 2021.

[88] GONG P, LI X, WANG J, et al. Annual maps of global artificial impervious area (GAIA) between 1985 and 2018 [J]. Remote Sensing of Environment, 2020, 236: 111510.

[89] LIU X, HU G, CHEN Y, et al. High-resolution multi-temporal mapping of global urban land using Landsat images based on the Google Earth Engine Platform [J]. Remote Sensing of Environment, 2018, 209: 227－239.

[90] Pesaresi M, Melchiorri M, Siragusa A, et al. The Atlas of the Human Planet 2016. Mapping Human Presence on Earth with the Global Human Settlement Layer [J]. 2016.

[91] 闫如柳. 城市不透水面遥感提取方法及时空变化研究 [D]. 兰州: 兰州交通大学, 2020.

[92] WANG Y, LI X, ZHANG C, et al. Influence of spatiotemporal changes of impervious surface on the urban thermal environment: A case of Huai'an central urban area [J]. Sustainable Cities and Society, 2022, 79: 103710.

[93] XU J, ZHAO Y, ZHONG K, et al. Measuring spatio-temporal dynamics of impervious surface in Guangzhou, China, from 1988 to 2015, using time-series Landsat imagery [J]. Science of the Total Environment, 2018, 627: 264－281.

[94] 向超, 朱翔, 胡德勇, 等. 近20年京津唐地区不透水面变化的遥感监测 [J]. 地球信息科学学报, 2018, 20 (5): 684-693.

[95] 王宪凯, 孟庆岩, 李娟, 等. 北京市主城区不透水面时空演变及其热环境效应研究 [J]. 生态科学, 2021, 40 (1): 169-181.

[96] Dutta D, Rahman A, Paul S K, et al. Impervious surface growth and its inter-relationship with vegetation cover and land surface temperature in peri-urban areas of Delhi [J]. Urban Climate, 2021, 37: 100799.

[97] Singh V P. Hydrologic systems. Volume I: Rainfall-runoff modeling [J]. Prentice Hall, Englewood Cliffs New Jersey. 1988. 480, 1988.

[98] WANG J, HU C, MA B, et al. Rapid Urbanization Impact on the Hydrological Processes in Zhengzhou, China [J]. Water (Basel), 2020, 12 (7): 1870.

[99] 童奕懿. 秦淮河流域城市化对洪灾风险的影响研究 [D]. 南京: 河海大学. 2011.

[100] Hamdi R, Termonia P, Baguis P. Effects of urbanization and climate change on surface runoff of the Brussels Capital Region: a case study using an urban soil-vegetation-atmosphere-transfer model [J]. International Journal of Climatology, 2011, 31 (13): 1959-1974.

[101] SUN Z, LI X, FU W, et al. Long-term effects of land use/land cover change on surface runoff in urban areas of Beijing, China [J]. Journal of applied remote sensing, 2014, 8 (1): 84596.

[102] Nirupama N, Simonovic S P. Increase of Flood Risk due to Urbanisation: A Canadian Example [J]. Natural Hazards, 2007, 40 (1): 25-41.

[103] YAO L, CHEN L, WEI W. Exploring the Linkage between Urban Flood Risk and Spatial Patterns in Small Urbanized Catchments of Beijing, China [J]. International Journal of Environmental Research and Public Health, 2017, 14 (3): 239.

[104] Ferreira, Carla, S., et al. Effect of Peri-urban Development and Lithology on Streamflow in a Mediterranean Catchment [J]. Land Degradation & Development, 2018, 29 (4): 1141-1153.

[105] 黄廷林, 马学尼著. 水文学 [M]. 北京: 中国建筑工业出版社, 2006.

[106] 罗佳杭. 不透水面的空间分布对城市地表产汇流过程的影响研究 [D]. 邯郸: 河北工程大学, 2021.

[107] Kauffman G J, Belden A C, Vonck K J, et al. Link between impervious cover and base flow in the White Clay Creek Wild and Scenic watershed in Delaware [J]. Journal of Hydrologic Engineering, 2009, 14 (4): 324-334.

[108] 占红, 臧淑英, 吴长山, 等. 城市不透水面扩张对地表径流量的影响 [J]. 水资源与水工程学报, 2015, 26 (6): 54-60.

[109] White M D, Greer K A. The effects of watershed urbanization on the stream hydrology and riparian vegetation of Los Penasquitos Creek, California [J]. Landscape and urban Planning, 2006, 74 (2): 125-138.

[110] Verbeiren B, Van de Voorde T, Canters F, et al. Assessing urbanisation effects on rainfall-runoff using a remote sensing supported modelling strategy [J]. International

Journal of Applied Earth Observation and Geoinformation, 2013, 21: 92 - 102.

[111] Dams J, Dujardin J, Reggers R, et al. Mapping impervious surface change from remote sensing for hydrological modeling [J]. Journal of Hydrology, 2013, 485: 84 - 95.

[112] 要志鑫, 孟庆岩, 孙震辉, 等. 不透水面与地表径流时空相关性研究——以杭州市主城区为例 [J]. 遥感学报, 2020, 24 (2): 182 - 198.

[113] LIU K, LI X, WANG S. Characterizing the spatiotemporal response of runoff to impervious surface dynamics across three highly urbanized cities in southern China from 2000 to 2017 [J]. International Journal of Applied Earth Observation and Geoinformation, 2021, 100: 102331.

[114] Berezowski T, Chormański J, Batelaan O, et al. Impact of remotely sensed landcover proportions on urban runoff prediction [J]. International Journal of Applied Earth Observation and Geoinformation, 2012, 16: 54 - 65.

[115] Miller J D, Kim H, Kjeldsen T R, et al. Assessing the impact of urbanization on storm runoff in a peri-urban catchment using historical change in impervious cover [J]. Journal of Hydrology, 2014, 515: 59 - 70.

[116] Brandes D, Cavallo G J, Nilson M L. Base Flow Trends in Urbanizing Watersheds of The Delaware River Basin [J]. Journal of the American Water Resources Association, 2005, 41 (6): 1377 - 1391.

[117] Brun S E, Band L E. Simulating runoff behavior in an urbanizing watershed [J]. Computers, environment, and urban systems, 2000, 24 (1): 5 - 22.

[118] BIAN G D, DU J K, SONG M M, et al. A procedure for quantifying runoff response to spatial and temporal changes of impervious surface in Qinhuai River basin of southeastern China [J]. CATENA, 2017, 157: 268 - 278.

[119] SONG S, XU Y P, WU Z F, et al. The relative impact of urbanization and precipitation on long-term water level variations in the Yangtze River Delta [J]. Science of the Total Environment, 2019, 648: 460 - 471.

[120] LIU F, LIU X, XU T, et al. Driving Factors and Risk Assessment of Rainstorm Waterlogging in Urban Agglomeration Areas: A Case Study of the Guangdong-Hong Kong-Macao Greater Bay Area, China [J]. Water (Basel), 2021, 13 (6): 770.

[121] Oudin L, Salavati B, Furusho-Percot C, et al. Hydrological impacts of urbanization at the catchment scale [J]. Journal of Hydrology, 2018, 559: 774 - 786.

[122] WANG J, QIN Z, SHI Y, et al. Multifractal Analysis of River Networks under the Background of Urbanization in the Yellow River Basin, China [J]. Water, 2021, 13 (17): 2347.

[123] 徐宗学, 李鹏. 城市化水文效应研究进展: 机理、方法与应对措施 [J]. 水资源保护, 2022, 38 (1): 7 - 17.

[124] Sohn W, Kim J, Li M, et al. How does increasing impervious surfaces affect urban flooding in response to climate variability? [J]. Ecological Indicators, 2020, 118: 106774.

[125] HOU J, HAN H, QI W, et al. Experimental investigation for impacts of rain storms and

terrain slopes on low impact development effect in an idealized urban catchment [J]. Journal of hydrology (Amsterdam), 2019, 579: 124176.

[126] Heilig G K. World urbanization prospects: the 2011 revision [J]. United Nations, Department of Economic and Social Affairs (DESA), Population Division, Population Estimates and Projections Section, New York, 2012, 14: 555.

[127] 陈璟浩. 突发事件中的政务微博网络舆论引导能力研究——以2016武汉暴雨为例 [J]. 情报探索, 2017 (1): 44-49.

[128] 杨默远, 潘兴瑶, 邸苏闯. 北京"7·20"特大暴雨的时空多要素分析 [J]. 水文, 2018, 38 (2): 85-92.

[129] 徐宗学, 陈浩, 任梅芳, 程涛. 中国城市洪涝致灾机理与风险评估研究进展 [J]. 水科学进展, 2020, 31 (5): 713-724.

[130] QIN H, LI Z, FU G. The effects of low impact development on urban flooding under different rainfall characteristics [J]. Journal of environmental management, 2013, 129: 577-585.

[131] HOU J, HAN H, QI W, et al. Experimental investigation for impacts of rain storms and terrain slopes on low impact development effect in an idealized urban catchment [J]. Journal of Hydrology, 2019, 579: 124176.

[132] Muis S, Güneralp B, Jongman B, et al. Flood risk and adaptation strategies under climate change and urban expansion: A probabilistic analysis using global data [J]. Science of the Total Environment, 2015, 538: 445-457.

[133] Kishtawal C M, Niyogi D, Tewari M, et al. Urbanization signature in the observed heavy rainfall climatology over India [J]. International journalof climatology, 2010, 30 (13): 1908-1916.

[134] Shastri H, Paul S, Ghosh S, et al. Impacts of urbanization on Indian summer monsoon rainfall extremes [J]. Journal of Geophysical Research: Atmospheres, 2015, 120 (2): 496-516.

[135] Liu J, Niyogi D. Meta-analysis of urbanization impact on rainfall modification [J]. Scientific reports, 2019, 9 (1): 1-14.

[136] 宋晓猛, 张建云, 贺瑞敏, 等. 北京城市洪涝问题与成因分析 [J]. 水科学进展, 2019, 30 (2): 153-165.

[137] Zhang W, Villarini G, Vecchi G A, et al. Urbanization exacerbated the rainfall and flooding caused by hurricane Harvey in Houston [J]. Nature, 2018, 563 (7731): 384-388.

[138] Li Y, Fowler H J, Argüeso D, et al. Strong intensification of hourly rainfall extremes by urbanization [J]. Geophysical Research Letters, 2020, 47 (14): 1-8.

[139] WANG J, HU C, MA B, et al. Rapid urbanization impact on the hydrological processes in Zhengzhou, China [J]. Water, 2020, 12 (7): 1870.

[140] Miao Z T, Han M, Hashemi S. The effect of successive low-impact development rainwater systems on peak flow reduction in residential areas of Shizhuang, China [J]. Environmental earth sciences, 2019, 78 (2): 1-12.

[141] Miller J D, Kim H, Kjeldsen T R, et al. Assessing the impact of urbanization on storm runoff in a peri-urban catchment using historical change in impervious cover [J]. Journal of Hydrology, 2014, 515: 59-70.

[142] Khodashenas S R, Azizi J. The effect of urban development on urban flood runoff (Case Study: Mashhad, Iran) [C] //Conference of the Arabian Journal of Geosciences. Springer, Cham, 2018: 409-412.

[143] 何文华. 城市化对济南市暴雨洪水的影响及其洪水模拟研究 [D]. 广州: 华南理工大学, 2010.

[144] 石树兰, 庞博, 赵刚, 等. 基于有效不透水面识别的城市雨洪过程模拟研究 [J]. 北京师范大学学报 (自然科学版), 2019, 55 (5): 595-602.

[145] 张春桦. 城市化对降雨径流过程影响 [D]. 北京: 中国矿业大学, 2021.

[146] DU J, QIAN L, RUI H, et al. Assessing the effects of urbanization on annual runoff and flood events using an integrated hydrological modeling system for Qinhuai River basin, China [J]. Journal of Hydrology, 2012, 464: 127-139.

[147] De Moel H, Jongman B, Kreibich H, et al. Flood risk assessments at different spatial scales [J]. Mitigation and Adaptation Strategies for Global Change, 2015, 20 (6): 865-890.

[148] 王倩雯, 曾坚, 赵广宇. 闽三角城市群洪涝灾害风险分区及规划策略探讨 [J]. 中国园林, 2021, 37 (12): 70-75.

[149] 王雪. 暴雨内涝灾害对城市化的响应 [D]. 上海: 上海师范大学, 2018.

[150] 俞昕淳. 基于暴雨内涝灾害风险分析的快速城市化区域土地利用评价研究 [D]. 上海: 上海师范大学, 2022.

[151] 芮孝芳, 蒋成煜, 张金存. 流域水文模型的发展 [J]. 水文, 2006 (3): 22-26.

[152] 赵人俊. 流域水文模拟: 新安江模型与陕北模型 [M]. 北京: 水利电力出版社, 1984.

[153] Bergström S. The HBV model [J]. Computer models of watershed hydrology. 1995: 443-476.

[154] Crawford N H L R. Digital simulation in hydrology: Stanford Watershed Model IV [R]. Stanford University, 1966.

[155] 徐宗学. 水文模型: 回顾与展望 [J]. 北京师范大学学报自然科学版, 2010, 46 (3): 278-289.

[156] Beven K J, Kirkby M J. A physically based, variable contributing area model of basin hydrology [J]. Hydrological sciences journal, 1979, 24 (1): 43-69.

[157] Liang X, Lettenmaier D P, Wood E F, et al. A simple hydrologically based model of land surface water and energy fluxes for general circulation models [J]. Journal of Geophysical Research Atmospheres, 1994, 99 (D7): 14415-14428.

[158] Merwade V. Hydrologic Modeling Using HEC-HMS [M]. School of Civil Engineering, Purdue University, Purdue, USA, 2007.

[159] Abbott M B B J. An introduction to the European Hydrological System-Systeme Hydrologique Europeen, "SHE", 1: History and philosophy of a physically-based,

distributed modelling system [J]. Journal of Hydrology, 1986, 87: 45-59.

[160] 贾仰文. WEP 模型的开发与分布式流域水循环模拟 [C] //中国水利学会 2003 学术年会论文集, 2003.

[161] 雷晓辉, 廖卫红, 蒋云钟, 等. 分布式水文模型 EasyDHM（I）：理论方法 [J]. 水利学报, 2010, 41 (7): 786-794.

[162] 赵刚, 史蓉, 庞博, 等. 快速城市化对产汇流影响的研究：以凉水河流域为例 [J]. 水力发电学报, 2016, 35 (5): 55-64.

[163] Ramezani M R, Yu B, Tarakemehzadeh N. Satellite-derived spatiotemporal data on imperviousness for improved hydrological modelling of urbanised catchments [J]. Journal of Hydrology, 2022, 612: 128101.

[164] ZHOU R, ZHENG H, LIU Y, et al. Flood impacts on urban road connectivity in southern China [J]. Scientific reports, 2022, 12 (1): 1-17.

[165] Bal M, Dandpat A K, Naik B. Hydrological modeling with respect to impact of land-use and land-cover change on the runoff dynamics in Budhabalanga river basing using ArcGIS and SWAT model [J]. Remote Sensing Applications: Society and Environment, 2021, 23: 100527.

[166] Revell N, Lashford C, Blackett M, et al. Modelling the Hydrological Effects of Woodland Planting on Infiltration and Peak Discharge Using HEC-HMS [J]. Water, 2021, 13 (21): 3039.

[167] Chakraborty S, Biswas S. Simulation of flow at an ungauged river site based on HEC-HMS model for a mountainous river basin [J]. Arabian Journal of Geosciences, 2021, 14 (20): 1-17.

[168] Feng B, Zhang Y, Bourke R. Urbanization impacts on flood risks based on urban growth data and coupled flood models [J]. Natural hazards (Dordrecht), 2021, 106 (1): 613-627.

[169] Koneti S, Sunkara S L, Roy P S. Hydrological modeling with respect to impact of land-use and land-cover change on the runoff dynamics in Godavari River Basin using the HEC-HMS model [J]. ISPRS International Journal of Geo-Information, 2018, 7 (6): 1-17.

[170] Hu S, Shrestha P. Examine the impact of land use and land cover changes on peak discharges of a watershed in the midwestern United States using the HEC-HMS model [J]. Papers in Applied Geography, 2020, 6 (2): 101-118.

[171] Al-Zahrani M A. Assessing the impacts of rainfall intensity and urbanization on storm runoff in an arid catchment [J]. Arabian Journal of Geosciences, 2018, 11 (9): 1-14.

[172] 黄国如, 陈文杰, 喻海军. 城市洪涝水文水动力耦合模型构建与评估 [J]. 水科学进展, 2021, 32 (3): 334-344.

[173] Pramanik N, Panda R K, Sen D. One dimensional hydrodynamic modeling of river flow using DEM extracted river cross-sections [J]. Water Resources Management, 2010, 24 (5): 835-852.

[174] Yoon T H, Kang S K. Finite volume model for two-dimensional shallow water flows on unstructured grids [J]. Journal of Hydraulic Engineering, 2004, 130 (7): 678-688.

[175] Schmitt T G, Thomas M, Ettrich N. Analysis and modeling of flooding in urban drainage systems [J]. Journal of hydrology, 2004, 299 (3-4): 300-311.

[176] Gironás J, Roesner L A, Rossman L A, et al. A new applications manual for the Storm Water Management Model (SWMM) [J]. Environmental Modelling & Software, 2010, 25 (6): 813-814.

[177] Patro S, Chatterjee C, Mohanty S, et al. Flood inundation modeling using MIKE FLOOD and remote sensing data [J]. Journal of the Indian Society of Remote Sensing, 2009, 37 (1): 107-118.

[178] 马建明, 张大伟, 喻海军, 等. 洪水分析软件 IFMS、IFMS URBAN 研发. 中国水利水电科学研究院, 2016-08-19.

[179] Wolski K, Tyminski T, Dabek P B. Assessment of the effect of vegetation on the transition of the flood wave using hydraulic 2D models [C] //E3S Web of Conferences. EDP Sciences, 2018, 44: 00195.

[180] JIANG L, CHEN Y, WANG H. Urban flood simulation based on the SWMM model [J]. Proceedings of the International Association of Hydrological Sciences, 2015, 368: 186-191.

[181] MA B, WU Z, HU C, et al. Process-oriented SWMM real-time correction and urban flood dynamic simulation [J]. Journal of Hydrology, 2022, 605: 127269.

[182] WU J, YANG R, SONG J. Effectiveness of low-impact development for urban inundation risk mitigation under different scenarios: A case study in Shenzhen, China [J]. Natural Hazards and Earth System Sciences, 2018, 18 (9): 2525-2536.

[183] 陈小兰, 喻海军, 杨滨, 等. 城市雨洪模型在排水系统升级改造中的应用 [J]. 水电能源科学, 2021, 39 (10): 135-139.

[184] 张婷, 徐彬鑫, 康爱卿, 等. 流域水文、水动力、水质模型联合应用研究进展 [J]. 水利水电科技进展, 2021, 41 (3): 11-19.

[185] Teng J, Jakeman A J, Vaze J, et al. Flood inundation modelling: A review of methods, recent advances and uncertainty analysis [J]. Environmental modelling & software, 2017, 90: 201-216.

[186] Hoch J M, Eilander D, Ikeuchi H, et al. Evaluating the impact of model complexity on flood wave propagation and inundation extent with a hydrologic-hydrodynamic model coupling framework [J]. Natural Hazards and Earth System Sciences, 2019, 19 (8): 1723-1735.

[187] Carter S, Denton D, Sievers M, et al. Hydrologic model development of the Sacramento River watershed to support TMDL development [C] //TMDLS Conference 2005. Water Environment Federation, 2005: 1542-1570.

[188] de Arruda Gomes M M, de Melo Verçosa L F, Cirilo J A. Hydrologic models coupled with 2D hydrodynamic model for high-resolution urban flood simulation [J]. Natural Hazards, 2021, 108 (3): 3121-3157.

[189] 付晓花,董增川,韩锐,等. 基于气候-水文-水动力单向耦合模型的复杂河网地区水流演进模拟及预估[J]. 水资源保护,2022:1-13.

[190] 李致家,包红军,孔祥光,等. 水文学与水力学相结合的南四湖洪水预报模型[J]. 湖泊科学,2005(4):299-304.

[191] Dullo T T, Gangrade S, Morales Hernández M, et al. Simulation of Hurricane Harvey flood event through coupled hydrologic - hydraulic models: Challenges and next steps [J]. Journal of Flood Risk Management, 2021, 14 (3).

[192] 余富强,鱼京善,蒋卫威,等. 基于水文水动力耦合模型的洪水淹没模拟[J]. 南水北调与水利科技,2019,17(5):37-43.

[193] WANG Y, YANG X. A Coupled Hydrologic - Hydraulic Model (XAJ - HiPIMS) for Flood Simulation [J]. Water, 2020, 12 (5): 1288.

[194] Betrie G D, Van Griensven A, Mohamed Y A, et al. Linking SWAT and SOBEK using open modeling interface (OPENMI) for sediment transport simulation in the Blue Nile River basin [J]. Transactions of the ASABE, 2011, 54 (5): 1749-1757.

[195] XU C, FU H, YANG J, et al. Assessment of the Relationship between Land Use and Flood Risk Based on a Coupled Hydrological - Hydraulic Model: A Case Study of Zhaojue River Basin in Southwestern China [J]. Land, 2022, 11 (8): 1182.

[196] YE C, XU Z, LEI X, et al. Assessment of the impact of urban water system scheduling on urban flooding by using coupled hydrological and hydrodynamic model in Fuzhou City, China [J]. Journal of Environmental Management, 2022, 321: 115935.

[197] Paiva R C D, Collischonn W, Tucci C E M. Large scale hydrologic and hydrodynamic modeling using limited data and a GIS based approach [J]. Journal of Hydrology, 2011, 406 (3-4): 170-181.

[198] Fleischmann A, Siqueira V, Paris A, et al. Modelling hydrologic and hydrodynamic processes in basins with large semi-arid wetlands [J]. Journal of Hydrology, 2018, 561: 943-959.

[199] Beighley R E, Eggert K G, Dunne T, et al. Simulating hydrologic and hydraulic processes throughout the Amazon River Basin [J]. Hydrological Processes: An International Journal, 2009, 23 (8): 1221-1235.

[200] SHEN Y, JIANG C, ZHOU Q, et al. A Multigrid Dynamic Bidirectional Coupled Surface Flow Routing Model for Flood Simulation [J]. Water, 2021, 13 (23): 3454.

[201] CHANG T J, WANG C H, CHEN A S. A novel approach to modeldynamic flow interactions between storm sewer systemand overland surface for different land covers in urban areas [J]. Journal of Hydrology, 2015, 524: 662-679.

[202] 曾志强,杨明祥,雷晓辉,等. 流域河流系统水文-水动力耦合模型研究综述[J]. 中国农村水利水电,2017(9):72-76.

[203] Thompson J R, Sørenson H R, Gavin H, et al. Application of the coupled MIKE SHE/MIKE 11 modelling system to a lowland wet grassland in southeast England

[J]. Journal of Hydrology，2004，293（1-4）：151-179.

[204] Bisht D S, Chatterjee C, Kalakoti S, et al. Modeling urban floods and drainage using SWMM and MIKE URBAN: a case study [J]. Natural Hazards, 2016, 84 (2)：749-776.

[205] GB/T 28592—2012 降雨量等级 [S]. 北京：中国标准出版社，2012.

[206] 李明洁，王明常，王凤艳，等. 多特征随机森林的城市土地利用分类 [J]. 测绘科学，2021：1-8.

[207] 高雨，胡召玲，樊茹. 高分辨率影像融合算法对滨海湿地土地利用分类精度的影响 [J]. 测绘通报，2022（1）：116-120.

[208] 马慧娟，高小红，谷晓天. 随机森林方法支持的复杂地形区土地利用/土地覆被分类研究 [J]. 地球信息科学学报，2019，21（3）：359-371.

[209] ZHOU T, ZHAO M, SUN C, et al. Exploring the Impact of Seasonality on Urban Land-Cover Mapping Using Multi-Season Sentinel-1A and GF-1 WFV Images in a Subtropical Monsoon-Climate Region [J]. ISPRS International Journal of Geo-Information，2018，7（1）：1-16.

[210] Tucker C J. Red and photographic infrared linear combinations for monitoring vegetation [J]. Remote Sensing of Environment，1979，8：127-150.

[211] McFEETERS S K. The use of the Normalized Difference Water Index (NDWI) in the delineation of open water features [J]. International Journal of Remote Sensing, 1996, 17 (7)：1425-1432.

[212] LI Q, HUANG X, WEN D, et al. Integrating Multiple Textural Features for Remote Sensing Image Change Detection [J]. Photogrammetric Engineering & Remote Sensing，2017，83（2）：109-121.

[213] Pegah M, Xavier V D, Carlos V. Vegetation Mapping with Random Forest Using Sentinel 2 and GLCM Texture Feature—A Case Study for Lousā Region, Portugal [J]. Remote Sensing，2022，14（18）：1-20.

[214] Uferah S, Rafia M, Ul H I, et al. Wheat Yellow Rust Disease Infection Type Classification Using Texture Features [J]. Sensors, 2021, 22 (1)：1-21.

[215] 刘春亭，冯权泷，金鼎坚，等. 随机森林协同 Sentinel-1/2 的东营市不透水层信息提取 [J]. 自然资源遥感，2021，33（3）：253-261.

[216] ZHANG R, JIA M, WANG Z, et al. A Comparison of Gaofen-2 and Sentinel-2 Imagery for Mapping Mangrove Forests Using Object-Oriented Analysis and Random Forest [J]. IEEE journal of selected topics in applied earth observations and remote sensing，2021，14：4185-4193.

[217] LIU J, LIU C, FENG Q, et al. Subpixel impervious surfaceestimation in the Nansi Lake Basin using random forest regression combined with GF-5 hyperspectral data [J]. Journal of Applied Remote Sensing, 2020, 14 (3)：034515.

[218] LU D, WENG Q. A survey of image classification methods and techniques for improving classification performance [J]. International journal of remote sensing, 2007, 28 (5)：823-870.

[219] Congalton R G. A review of assessing the accuracy of classifications of remotely sensed data [J]. Remote Sensing of Environment，1991，37（1）：35-46.

[220] LI W. Improving Urban Impervious Surfaces Mapping through Integrating Statistical Methods and Spectral Mixture Analysis [J]. Remote sensing (Basel，Switzerland)，2021，13（13）：2474.

[221] KUANG W，ZHANG S，Li X，et al. A 30 m resolution dataset of China's urban impervious surface area and green space，2000-2018 [J]. Earth system science data，2021，13（1）：63-82.

[222] 黄曦涛，李怀恩，张瑜，等. 利用影像纹理和阴影信息提取城市不透水面的方法——以咸阳市为例 [J]. 测绘通报，2016（5）：80-83.

[223] 郭晓娇. 基于多特征和随机森林的城市不透水面提取研究 [D]. 郑州：郑州大学，2021.

[224] Shrestha B，Stephen H，Ahmad S. Impervious Surfaces Mapping at City Scale by Fusion of Radar and Optical Data through a Random Forest Classifier [J]. Remote Sensing，2021，13（15）：3040.

[225] 贺超，张景雄，万月，等. 基于空间抽样的上海市GlobeLand302020数据精度评估 [J]. 地理空间信息，2022，20（2）：93-96.

[226] Pérez-Hoyos A，Rembold F，Kerdiles H，et al. Comparison of Global Land Cover Datasets for Cropland Monitoring [J]. Remote Sensing. 2017，9（11）：1118.

[227] 郭慧，董士伟，辛学兵，等. 多尺度遥感产品在太行山绿化工程中的适用性分析 [J]. 农业工程学报. 2020，36（11）：159-165.

[228] 徐焕，付碧宏，郭强，等. 西咸一体化过程与城市扩展研究 [J]. 遥感学报，2018，22（2）：347-359.

[229] 刘清云，范俊甫，陈政，等. 夜间灯光遥感数据一致性校正下成渝城市群扩张分析 [J]. 测绘科学，2022，47（6）：99-108.

[230] GUO K，YUAN Y. Research on Spatial and Temporal Evolution Trends and Driving Factors of Green Residences in China Based on Weighted Standard Deviational Ellipse and Panel Tobit Model [J]. Applied Sciences，2022，12（17）：8788.

[231] 蒋若凡，杨斌，宋林，等. 基于Sentinel-2卫星的凉山州木里县林火监测与植被评估 [J]. 地理空间信息，2022，20（5）：38-44.

[232] 郑玉丽. 基于PCSWMM的镇江市主城区暴雨内涝模拟 [D]. 北京：中国矿业大学，2020.

[233] 王天泽，王远航，马帅，等. 基于MIKE FLOOD耦合模型的洪水淹没风险分析：以北京市某科学城为例 [J]. 水利水电技术（中英文），2022：1-22.

[234] 高玉琴，张泽宇，赖丽娟，等. 参数变化对HEC-HMS模型流域洪水模拟结果的影响 [J]. 长江科学院院报，2019，36（6）：26-30.

[235] 程旭，马细霞，王武森，等. HEC-HMS模型参数区域化在河南省小流域适用性研究 [J]. 水文，2022，42（1）：40-46.

[236] Kabeja C，Li R，Guo J，et al. The Impact of Reforestation Induced Land Cover Change (1990-2017) on Flood Peak Discharge Using HEC-HMS Hydrological Model

and Satellite Observations: A Study in Two Mountain Basins, China [J]. Water, 2020, 12 (5): 1347.

[237] 姚远,曲伟,李帅,等. 基于遥感的黑龙江上游暴雨洪水模拟与分析 [J]. 水文, 2022: 1-7.

[238] 马建明,喻海军. 洪水分析软件 IFMS/Urban 特点及应用 [J]. 中国水利, 2017 (5): 74-75.

[239] 曾鹏,穆杰,喻海军,等. 成都市中心城区暴雨内涝模拟及内涝特征分析 [J]. 中国水利水电科学研究院学报, 2020, 18 (3): 232-239.

[240] LI X, WANG L, ZHOU H, et al. The Compound Effect of Spatial and Temporal Resolutions on the Accuracy of Urban Flood Simulation [J]. Computational Intelligence and Neuroscience, 2022, 2022: 3436634.

[241] WU J, YANG R, SONG J. Effectiveness of low-impact development for urban inundation risk mitigation under different scenarios: A case study in Shenzhen, China [J]. Natural Hazards and Earth System Sciences, 2018, 18 (9): 2525-2536.

[242] 喻海军,马建明,张大伟,等. IFMS Urban 软件在城市洪水风险图编制中的应用 [J]. 中国防汛抗旱, 2018, 28 (7): 13-17.

[243] 马丽君,王传涛,王雯军,等. 基于 SCS-CN 模型的郑州市区域产流特征研究 [J]. 水土保持通报, 2022, 42 (4): 203-209.

[244] SONG M, ZHANG J, BIAN G, et al. Quantifying effects of urban land-use patterns on flood regimes for a typical urbanized basin in eastern China [J]. Hydrology Research, 2020, 51 (6): 1521-1536.

[245] HU S, FAN Y, ZHANG T. Assessing the Effect of Land Use Change on Surface Runoff in a Rapidly Urbanized City: A Case Study of the Central Area of Beijing [J]. Land, 2020, 9 (1): 1-15.

[246] Bera D, Kumar P, Siddiqui A, et al. Assessing impact of urbanisation on surface runoff using vegetation-impervious surface-soil (V-I-S) fraction and NRCS curve number (CN) model [J]. Modeling earth systems and environment, 2021, 8 (1): 309-322.

[247] Leach J M, Coulibaly P. Soil moisture assimilation in urban watersheds: A method to identify the limiting imperviousness threshold based on watershed characteristics [J]. Journal of Hydrology, 2020, 587: 124958.

[248] 范玉燕,汪诚文,喻海军. SWMM 模型河道及明满流模拟能力分析研究 [J]. 水资源与水工程学报, 2019, 30 (1): 1-6.

[249] Zoccatelli D, Borga M, Viglione A, et al. Spatial moments of catchment rainfall: Rainfall spatialorganisation, basin morphology, and flood response [J]. Hydrology and Earth System Sciences. 2011, 15: 3767-3783.

[250] Mejía A I and Moglen G E. Spatial distribution of imperviousness and the space-time variability ofrainfall, runoff generation, and routing [J]. Water Resource Research. 2010, 46 (7): W07509.

[251] 杨龙. 城市下垫面对夏季暴雨及洪水的影响研究 [D]. 北京:清华大学, 2014.

[252] 王辉. 镇江洛阳河流域城镇化下水文效应研究 [D]. 南京：河海大学，2018.

[253] 王振亚，姚成，董俊玲，等. 郑州"7·20"特大暴雨降水特征及其内涝影响 [J]. 河海大学学报（自然科学版），2022，50（3）：17-22.

[254] 徐卫红，刘昌军，吕娟，等. 郑州主城区2021年"7·20"特大暴雨洪涝特征及应对策略 [J]. 中国防汛抗旱，2022，32（5）：5-10.

[255] 章卫军，廖青桃，杨森，等. 从郑州"2021.7.20"水灾模型推演看城市洪涝风险管理 [J]. 中国防汛抗旱，2021，31（9）：1-4.

[256] 臧文斌，柴福鑫，刘昌军，等. 2021年郑州"7·20"特大暴雨五龙口停车场内涝及地铁隧洞进水分析 [J]. 中国防汛抗旱，2022，32（5）：16-22.

[257] 喻海军，陈小兰，刘昌军，等. 郑州中心城区2021年"7·20"特大暴雨洪涝复盘模拟分析 [J]. 中国防汛抗旱，2022，32（5）：11-15.